つけるコルセット つくるコルセット

ロイヤル・ウースター・コルセット・カンパニーからみる 20世紀転換期アメリカ

鶴見大学比較文化研究所
鈴木周太郎 Shutaro Suzuki

JN072673

表紙イラスト
The Ladies' Home Journal, July 1908.

扉写真
筆者撮影

目　　次

はじめに　ウースターの大工場

ロイヤル・ウースター・アパートメンツ

　ボストンから西へ電車で約1時間、マサチューセッツ州ウースターの中心部から南西に少し離れたところに巨大な煉瓦造りの建造物がある。ロイヤル・ウースター・アパートメンツという名前のこの巨大な集合住宅は、ホームページによればワン・ベッドルームからスリー・ベッドルームまでの155部屋を持ち、徒歩圏内の名門私立大学であるクラーク大学の学生や教職員が多く居住しているようだ。（家賃は2021年現在で1,125ドルからである。）この建物で目を引くのは、何といっても中庭にそびえ立つ巨大な煙突だろう。それは集合住宅の設備としてはあまりに似つかわしくないものだ。

筆者撮影

実はこの建造物は、巨大な工場として建てられたものであった。ウースターはかつて、ニューイングランドを代表する産業都市として数多くの工場を抱える街であった。そのような工場が、現在ではレストランやホテル、そしてアパートメントとして活用されている。このような現象はウースターに限ったことではない。かつて工業で栄えたアメリカ各地の都市は、様々な会社が工場を海外に移転させたことで「脱工業化」を迫られた。そして、工場跡地の有効活用で街の魅力を取り戻すことに努めている。ロイヤル・ウースター・アパートメンツも、ウースターがかつての工業都市から数多くの教育研究機関を抱える学園都市として、またボストンの郊外都市としての変貌を遂げるなかでリノベーションされた建築物の一つなのだ。

　この建物は20世紀半ばまで、ロイヤル・ウースター・コルセット・カンパニー（Royal Worcester Corset Company、以下RWCC）の大工場であった。そこ

1910年頃のRWCC
出典：Royal Worcester Corset Company Scrap Book, American Antiquarian Society.

では千人を超える労働者が、コルセットをはじめとする女性ものの下着を生産していた。そして、そのような労働者の多くが女性であった。

本書の目的

　本書ではRWCCを主な研究対象として、20世紀転換期のコルセットにまつわる様々な論点について検討する。

　コルセットについては、これまで様々な視角から充実した研究がされてきた。特に服飾文化史のなかで、コルセットの盛衰と19世紀から20世紀にかけての社会状況との関係は盛んに議論されている。特にヴァレリー・スティールによる *The Corset: A Cultural History*（2001）はコルセット史研究ではまず第一に参照すべき本とされてきた。この本では中世から現代までの西洋世界におけるコルセットの着用・消費の歴史について、時代や社会との相関関係に言及しながら詳細に検討されている。特にスティールが注目するのが19世紀におけるコルセット受容の拡大であり、そこではヴィクトリア朝的女性観、フェミニズム、医学、エロティシズムなどの様々な角度からコルセットにまつわるイメージや言説が議論される。日本の研究でも、例えば古賀令子による『コルセットの文化史』（2004年）において、19世紀は「コルセットの世紀」と表現されている。ブルジョワ階級が政治・経済・文化のあらゆる面に大きな影響を及ぼすようになると、それまで貴族階級の女性が着用するものだったコルセットを、ブルジョワ階級が、そして労働者階級も求めるようになった。しかし、20世紀初頭になると、女性運動やスポーツの流行などの影響もあり、「コルセットとの決別」という現象が起こったと古賀は指摘する。戸矢理衣奈は『下着の誕生』（2000年）において、コルセットの衰退の背景にあるものとして、1881年

にイギリスで設立された合理服協会に代表される服装改革運動の影響を強調する。いずれの研究も、19世紀後半に西洋社会でコルセットがそれまでにないような幅広い層から受容され、同時に様々な角度（医学、女性運動など）から挑

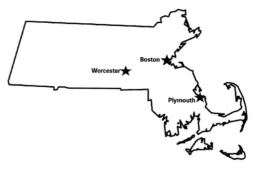

マサチューセッツ州

戦を受けたことに注目し、近代から現代へと移行するこの時代を読み解く重要な鍵としてコルセットに注目している。コルセットは19世紀後半から20世紀前半にかけて、私たちの「身体」が急激に組み替えられていく時代の中で、重要な意味を付与されたアイテムだったのだ。

　ただし、このような服飾文化史からのアプローチは、コルセットを「つける人々」について関心が向けられており、コルセットを「つくる人々」については検討の中心とはしていない。ヨーロッパやアメリカで幅広い階層の女性たちに求められたコルセットを一体どのような人たちが作っていたのかについても、目を向けることは大事なことではないだろうか。しかも、RWCCでコルセットの生産に従事していた労働者の多くは女性だった。コルセットを「つける女性」と「つくる女性」を併せて考察することで、20世紀転換期のジェンダー秩序を、あるいはこの時代そのものをより深く理解する手がかりになるのではないだろうか。

　もちろん、20世紀転換期アメリカの女性労働者については膨大な歴史研究の蓄積が存在する。例えばナン・エンスタッドは*Ladies of Labor, Girls of*

Adventure（1999）において、賃金労働者として働く女性が独自の消費文化を構築する過程を詳細に検討している。ただし、これまでコルセット産業ないしコルセット工場に特に着目した研究は存在せず、このアメリカにおいて短期間で拡大した上で急速に衰退した産業が、どのように

出典：American Antiquarian Society

女性労働者を吸収し、ジェンダー秩序にどのような影響を及ぼしたのかについては、詳細な検討はなされていない。

　以上のようなアメリカと日本の研究蓄積をふまえた上で、本書では服飾産業における「つける女性（着る女性）」と「つくる女性」との間を橋渡しするようなまなざしを構築することを試みる。彼女たちを研究対象とすることで、女性のなかの差異やジェンダー秩序の変化を明らかにすることができるかもしれない。その中でも特に本書では民族・階級・ジェンダーが交差した場として、19世紀後半から20世紀初頭にかけてのRWCCを中心に考察する。この産業に注目する理由として、19世紀後半にアメリカにおいて幅広く女性に受け入れられつつも、コルセットには限られた層にのみ認められた特権性が付与され続けていたことが挙げられる。コルセットというアイテムからは、新旧の美意識やジェンダー観の衝突も垣間見ることができる。そのことと19世紀末にこの産業に参入した女性労働者との関係は興味深い。特にアメリカにおいては、作業の効率化や分業制にともなう大量生産が実現されたことにより、女性労働者がコルセット産業に多く参入することとなった。

　まずはRWCCで働いていた労働者がどのような人たちであったのかを理解

するために、第一章において20世紀転換期のアメリカに、そしてウースターに流入したのがどのような人々だったのかについて概観する。そして第二章においては、RWCCの発展の歴史とそこで働く女性労働者について見ていく。第三章ではこの時代のアメリカにおけるコルセット産業について、雑誌広告などを中心に考える。第四章ではRWCCが自社の発展をアメリカの歴史の中でどのように位置付けていたのかについて、同社が発行した「ピルグリム・ファーザーズのプリマス到達から300周年」を記念するパンフレットを中心に検討する。そして第五章ではこの時代の「アメリカ化運動」がRWCCにどのような影響を及ぼしたのかについて考える。また、この時代のコルセットにまつわる様々な話題をコラムというかたちで提供する。

　筆者自身、RWCCについて、あるいは「コルセットとアメリカ史」に研究対象として着目し始めたばかりである。そのため、本書は様々なイラストや写真を提示しながら、この研究の可能性について様々に示し、読者とともに研究を発展させていくきっかけになることを期待する。

出典：*The Ladies' Home Journal*, May 1906.

第1章　移民の大量流入と変容するアメリカ

大量の移民の到来

　19世紀後半、南北戦争終結後のアメリカには国外から大量の移民が到来するようになった。太平洋を越えて中国や日本から移民が渡ってきたこともアメリカ史においては重要であるが、東海岸においてはヨーロッパから大西洋を越えてやってきた移民たちが社会を大きく変化させた。この時代の移民において重要なのは、ヨーロッパからでも出身国・地域が大きく変化したことである。それまでのイギリスやドイツといった地域から、東ヨーロッパ（ロシアなど）や南ヨーロッパ（イタリアなど）へとシフトしたのだ。彼らは従来の移民とは性格が異なる存在であることから、「新移民」と呼ばれている。

　移民の大量流入については、彼らがなぜ祖国を去ったのかと、なぜ向かった先がアメリカであったのかを考えなければならない。例えば19世紀後半にはロシアとその周辺地域において「ポグロム」と呼ばれるユダヤ人への集団的迫害行為が拡大し、それを逃れるために多くのユダヤ人が住んでいた地域を離れることになった。イタリアにおいては統一国家樹立の動きのなかで、その余波を受けた南部やシチリア島の困窮した人々が祖国を離れた。世界史全体として見ると、19世紀の特に後半は国民国家再編成の時代であり、そこから弾かれた人々が地球規模での移動を進めたということがわかる。また、移民がアメリカに向かった目的もこの時代に大きく変化した。19世紀前半においては西漸運動と内陸開発に促され、アメリカの西部に行けば自分の土地を所有する農夫になることができるという希望が、移民がアメリカに惹きつけられる重要な要素であった。しかし、1890年の国勢調査によって開拓地と未開拓地の境界線

であるフロンティア・ラインの消滅が告げられるなど、「誰のものでもない土地」を新たな移民が手にすることは困難になった。そのような時代に、新移民の多くは都市部に留まり、工場などの労働力として吸収されていくのである。

エリス島

　1892年にはニューヨークのエリス島に移民局が設置され、ヨーロッパからの移民の多くはこの島を通って入国することになった。（西海岸においては1910年以来サンフランシスコのエンジェル島がその役割を担うことになった。）彼らはこの島で身体検査を含めた入国のための審査を受け、マンハッタン経由でアメリカの各地へ向かった。彼らの多くは非熟練労働者であり、都市部に集中的に居住して工場などでの安価な労働力となっていった。移民の大量流入によって、アメリカの急激な工業化は果たされたのである。20世紀に入るころには、アメリカはイギリスを抜いて世界最大の工業国家へと変貌していた。また、この時代はトラスト（独占体）と呼ばれる巨大企業の規模がさらに大きくなっていた時代であり、それにともない移民労働者の待遇は一層厳しいものとなっていった。

　移民の大量流入によってアメリカの人口がどのように変化したのかについて、具体的に見てみよう。（統計資料はアメリカ合衆国商務省『アメリカ歴史統計』による。）1890年から1920年にかけて、合衆国の人口は約6300万人から1億600万人へと膨れ上がったのであるが、その人口増加を支えたのが移民の流入であった。ヨーロッパからの移民の影響を直接受けた北東部に限定して見てみよう。1890年の段階で総人口は約1740万人であり、そのうち外国生ま

れの人口は390万人、外国生まれ
の子どもの人口は440万人であ
り、それらを合わせると北東部の
全人口の47％であった。1900年
には総人口が2100万人、外国生
まれの人口は470万人（23％）、
外国生まれの子どもの人口は600
万人（28％）となり、1910年に
は総人口が2600万人、外国生ま
れの人口は660万人（26％）、外
国生まれの子どもの人口は760万
人（30％）であった。つまり、
1910年の段階でアメリカ北東部
の人口のうち56％は移民もしく
は移民の子どもであった。いかに
この地域において新たに入ってき
た移民によって人口の拡大が起
こったのかが分かるだろう。

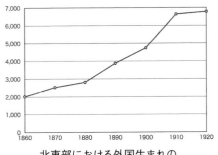

北東部における外国生まれの
人口（単位：1,000人）

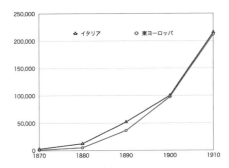

イタリアおよび東ヨーロッパからの
移民者（単位：1,000人）
出典：『アメリカ歴史統計　第Ⅰ巻』。

　移民の出身国を見ると、前述した新移民が急増していることがわかる。イギ
リスからの移民は1890年の69,730人から1910年には68,941人とほぼ横這い、
アイルランドからの移民は53,024人から29,855人、ドイツからの移民は92,427
人から31,283人と激減している。それでは新移民はどうだろうか。例えばイタ
リアからの移民は1870年にはわずか2,891人であったのが1890年には52,003
人、1910年には215,537人がアメリカにやってきた。東ヨーロッパ（ロシアと

その周辺諸国、バルカン諸国など）からは1870年には913人、1890年には36,321人、1910年には212,079人となっている。なお、アメリカ史における移民のピークは1907年であり、この1年間に1,285,349人の移民がアメリカに到達し、そのうちイタリアからが285,731人、東ヨーロッパからが295,453人であった。つまりこの二つの地域だけで60万人近い人々がアメリカに押し寄せた計算になる。

　移民の数は1920年代に入ると大幅に減少することになった。その大きなきっかけは1921年移民法、そしてそれを強化した1924年の移民法であった。1924年の移民法では1890年の国勢調査をもとに国籍別に在米外国人の数を割り出し、それぞれの人口の2％にあたる人数を移民可能な一年あたりの上限として出身国に割り当てることが定められた。先ほど述べたとおり、1890年というのは東南欧からの移民が爆発的に拡大する以前であり、この移民法が新移民のさらなる流入抑制が大きな目的であることは明らかであった。例えば1925年のイタリアからの移民者数は6,203人、東ヨーロッパからは4,687人であった。

変貌する都市部

　この時代のアメリカの急激な変化として、都市化が挙げられる。それは新移民の多くが都市部の工場を中心とした労働力として吸収されたからであった。合衆国全体で都市人口が非都市人口を上回るのは1920年以降のことであるが、北東部だけを見れば都市部への人口集中は19世紀後半には決定的なものへとなっていた。例えば本書が研究の中心として据える都市ウースターがあるマサチューセッツ州を見ると、非都市人口は1860年の約50万人から1910年の37万人まで50年間で減少が続いているのに対して、都市人口は1860年の73万人か

ら1910年の300万人まで4倍以上に増加していることがわかる。工場を中心とした賃金労働の需要が高まったこと、その需要に応えるかたちで国外から移民が入ってきたことが大きな要因であるが、その中で女性の賃金労働者も増加していることが重要だ。マサチューセッツ州で見ると、女性有所得労働者数は1870年には13万人程度だったものが、1910年には44万人以上へと急増していることがわかる。

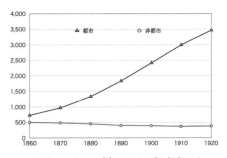

マサチューセッツ州における都市人口と
非都市人口（単位：1,000人）
出典：『アメリカ歴史統計　第I巻』。

　都市部の移民たちの多くは同じ民族・出身地域同士で居住した。各都市では爆発的な人口増加に様々なインフラ整備が追いつかず、衛生面でも治安面でも環境は悪化し、それは移民が集中的に居住する地域において一層顕著なものとなった。移民たちはテネメントと呼ばれる集合住宅に密集して居住し、その住環境は劣悪であった。彼ら移民たちを支持基盤とするマシーンと呼ばれる政党組織が確立し、それを支配するボス政治家が都市部で巨大な権力を握ることになった。そのような政治家は新たにアメリカにたどり着いた移民たちの帰化や就労を世話するなど様々な便宜を図り、その見返りとして自らへの投票を求めたのである。それ以前から都市部に居住していた人々は、マシーンやボス政治家の権力拡大を苦々しく思い、それは移民たちへの敵意にも繋がった。それと同時に、そのままの状態では道徳的に堕落してしまう、アメリカ人になることが困難と考えられていた移民たちを救済しようとする改革運動も盛んになった。セツルメント運動と呼ばれる、都市部の貧困地域のなかの施設において地

域住民の生活改善をはかる運動が拡大した。セツルメント・ハウスでは英語教室や職業訓練が実施され、地域住民の家庭生活や児童の育成に重要な役割を担った。特に女性労働者の観点から見ると、働いている間に子どもを預けられる施設の存在意義はとても大きなものであった。

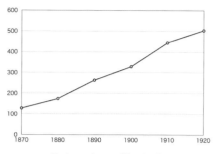

マサチューセッツ州における
女性有所得労働者数（単位：1,000人）
出典：『アメリカ歴史統計　第Ⅰ巻』。

　この時代の大都市の移民たちの苦しい生活については、ジェイコブ・リースの『向こう半分の人々の暮らし』（1890年）に詳しい。リースはニューヨークのテネメントについて以下のように説明する。

　　　今日、ニューヨークの人口の四分の三がテネメントに暮らしており、19世紀の都市部への人口移動は、さらに増加する群衆をそのような住宅へ詰め込もうとしている。一世代前に公衆衛生学者の絶望を誘っていた1万5千の賃貸住宅は3万7千にまで膨れ上がり、120万人を超える人々がそれを家と呼んでいるのである。（*Jacob A. Riis, How the Other Half Lives,* 1890, p. 2.）

　リースが指摘するのはその衛生面の劣悪さである。特にテネメントの換気機能の悪さは伝染病を蔓延させ、病人の回復を阻害させるものであった。
　また、本書の関心に引きつけるならば、リースがテネメントにおける服飾産業の下請け労働の過酷さを指摘していることに注目したい。19世紀末はアメ

リカにおいて既製服産業が発展した時代であるが、それを支えたのが移民たちであった。特にニューヨークのテネメントは下請けの工場としての役割を担い、ユダヤ系やイタリア系の移民たちがそこで低賃金でこの産業の発展を支えたのである。

移民の子どもたち
出典：Pauline Maier et al. eds,
*Inventing America: A History of
the United States*
(New York: Norton, 2003) 612.

　　1ダースで1ドル半のキャラコ製の部屋着－熟練した縫製職人なら〔1日あたり〕8～10枚をこなし、一般的な人なら5～6枚であろうか－1ダースあたり25～75セントのネクタイ、これはうまくいけば1日で1ダースというのが、女性の賃金の典型である。それなのに、世の人々はテネメントでの仕事の質の低さを不思議に思っているなんて！イタリアの安い労働力は、最近になって、この貧しい分野にも搾取する雇主とともに進出してきた。家庭以外の女性の仕事というのは、賃金が低水準に達して久しいが、実際に飢えてしまう状態にまで落ち込んでいない分野はほとんどない。（Riis, p. 240.）

　ちなみに、労働省労働統計局の推計によると、1890年の時点での卵の小売価格は1ダースで約20セント、牛モモ肉は1ポンド（約450グラム）が約12セントであった。1日働いて1ドルも稼げないという状況がいかに苦しいものであるのかがわかる。

ウースターの移民社会

　20世紀転換期に移民の大量流入によって変化した都市について考える際、リースが調査したニューヨークや、この時代の代表的なセツルメント・ハウスであるハル・ハウスの設立されたシカゴが関心の対象となることが多い。それではより規模の小さい地方工業都市の状況はどのようなものであったのだろうか。ここではRWCCがあったマサチューセッツ州ウースターを見てみよう。

　ウースターはボストンから西に70キロほどの場所に位置し、ブラックストーン川沿いに紡績工場が作られていたが、1835年にボストンとの間に鉄道が建設されるとさらに様々な種類の工場が建設されるようになった。1900年の時点で人口が340万人を超えていたニューヨーク、約56万人であった同じマサチューセッツ州のボストンに比べ、ウースターの人口は11万8千人と都市の規模はかなり小さい。しかし、新移民のアメリカへの大量流入はウースターという都市を大きく変化させていた。1900年の国勢調査からウースターの人口11万8千人の中身を見ると、親もアメリカ生まれの白人が37,261人、親が外国生まれの白人が42,417人、移民第一世代の白人が37,528人であった。（それに加えて1,200人程度の「有色人種」が住んでいた。）つまり、それぞれが大体三分の一ずつでウースターの人口を構成していたことになる。1890年から1910年の20年間に2万2千人の移民がウースターに流入し、この都市の外国生まれの人口は82％も増加した。それではその出身地にも注目してみよう。従来から多くの移民を輩出したイギリス（2,615人）、アイルランド（11,620人）、スウェーデン（7,542人）だけでなく、ポーランド（1,285人）やイタリア（595人）、ロシア（1,348人）などからも流入した。もう一つ、ウースターへの人口流入として注目すべきはカナダからの移民である。ウースターは東のボストン、

南のプロビデンスやニューヨークだけではなく、北はカナダへも交通の便が良く、それゆえにヨーロッパからだけではなくカナダから多くの移民が流入していった。この都市のカナダからの移民は8,367人であり、ウースターへの移民全体の約22%を構成した。そして英語話者よりもフランス語を母語とする人々（フレンチ・カナダ系）の方が多かった。

　それではウースターにおける女性労働者のなかでの移民の状況はどのようなものであっただろうか。1900年のウースターにおける10歳以上の女性の人口47,375人のうち、約4分の1にあたる12,329人が有所得労働者であった。そのうち最大の移民グループはアイルランド系であり、その次にカナダ（英語圏およびフランス語圏）、スカンジナビア諸国の順番となる。やはり、カナダからの移民女性の労働者の多さがウースターの特徴であることがわかる。職種別に見ると最も多いのは使用人や給仕であり、この職種ではアイルランド系が半分近くを占めていた。一方、簿記係や秘書では移民の割合は減り、半数以上は両親ともにアメリカ生まれの白人であった。また、512人がコルセット工場で働いており、この点については次章においてより詳細に検討したい。

　歴史家のロイ・ローゼンツワイグは*Eight Hours for What We Will*（1983）において、ウースターの労働者階級の労働と余暇が20世紀転換期のどのように変容したのかについて分析をしている。特にアイルランド系移民をコントロールする目的から禁酒運動の一環として酒場（ saloon ）を規制していく流れに注目した。そのうえで、20世紀に入り労働者のためのより健全な余暇の場として映画館が整備されたことを論じた。（1912年の段階で市内だけで3つの労働者階級向けの映画館が営業していた。）また、酒場の規制について、それに抗うアイルランド系やフレンチ・カナダ系と支持するスカンジナビア系というように、ローゼンツワイグが移民間での分断や緊張を指摘した点も重要で

あろう。また、ジャネット・グリーンウッ
ドは南北戦争後にウースターに流入した解
放民（南部において奴隷から解放された黒
人）に焦点を当てた研究をおこなってい
る。実際に1900年の段階でウースターに
は黒人の女性労働者も195人存在してい
た。ただし、その大半は使用人か洗濯業に
従事しており、次章で検討するコルセット
工場で働く黒人女性は一人も記録されてい
ない。グリーンウッドの研究で興味深いの
は黒人とフレンチ・カナダ系移民との関係
だ。南北戦争終結からしばらくは南部から
の黒人移住者は「奴隷制の犠牲者」として
ウースターの人々に受け入れられたのに対
し、フレンチ・カナダ系移民は信仰（カト
リック）と言語の問題からアメリカ人にな
ることが困難な人々と見なされていた。州
労働統計局のキャロル・ライトが彼らのこ
とを「東の中国人」と呼んだというエピ
ソードも紹介されている。しかし20世紀
に入る頃にはフレンチ・カナダ系の多くは
熟練技術を持つ労働に従事するようにな

下請け労働としてコルセットの
部品をつくる親子（1911年）
出典：アメリカ議会図書館
（Library of Congress）。

オーストリア＝ハンガリー	10
カナダ（英語圏）	597
カナダ（フランス語圏）	1,107
ドイツ	139
英国	644
アイルランド	4,595
イタリア	39
ポーランド	83
ロシア	99
スカンジナビア諸国	1,151
その他の地域	190

本人もしくは親が外国生まれの
女性労働者の出身国
（ウースター、1900年）
出典：*Occupations at the Twelfth
Census*, 1904.

り、黒人は家庭内などの非熟練労働に留まり続けていた。ヨーロッパ系移民の
「アメリカ化」は着実に進行していたのである。

コラム1　　コルセットをつけたシンデレラ

　シカゴ・コルセット・カンパニーの販売促進用のブックレットとして1884年に発行された『シンデレラ』という小冊子がある。いくつもの影絵で彩られたこの読み物は、シャルル・ペロー版のシンデレラにほとんど依拠しながらも、従来とは大きく異なる点がある。ペローのオリジナルにおいて重要な役割を担うアイテムであるガラスの靴がコルセットに代えられているのだ。

　妖精がシンデレラを舞踏会に向かわせるために馬車や御者を用意し、いよいよドレスを準備しようという段階で、大変な事実が明らかになる。ちゃんとしたコルセットを彼女は持っていないのだ。彼女が所有しているそれはせいぜい「ボロ樽」にフィットする程度のものでしかなかった。そこで妖精は杖をふり、シンデレラは美しいドレスとともにそれにぴったりのシカゴ・コルセット・カンパニー製のコルセットまで手に入れることとなった。美しいドレスはそれだけでは完璧でなく、魅力的なシルエットを作りあげるコルセットが必ず伴わなければならなかったのだ。

　舞踏会で王子は美しいシンデレラにすっかり魅せられるが、12時の鐘を聴き彼女は舞踏会から駆け出して出ていってしまう。そこであまりに急いでしまったために、彼女のコルセットは外れ床に落ちてしまう。王子は床に落ちたコルセットを拾い、このコルセットにぴったりのウエストを持つ女性を妃にするとのお触れを出す。国中の女性たちは我先にとそのコルセットを試すが、どのウエストとも合わない。そこでシンデレラが進み出て、コルセットがぴったりとフィットする。今までの行いについて謝る義姉たちを許し、シンデレラは王子と幸せな結婚をする。

出典：*Cinderella. Picture Book*（Chicago Corset Company, 1884）より。

　ガラスの靴をコルセットに置き換えるという強引さに思わず笑ってしまう
が、この小冊子からわかることが二点ある。顧客の体にぴったりフィットする

コルセットの大量生産がこの時代にはすでに可能となっていたこと（そうでなければこの物語は成立しない）、そしてコルセットが階級横断や上昇志向と結びついたアイテムとして、この時代に認識されうるものであったということだ。

　19世紀をかけてアメリカの出版文化が成熟するなかで、様々な子ども向けの読み物も流通していった。そのような潮流の中でヨーロッパ由来の童話も大量に輸入されたり国内で出版されていったりしたわけだが、アメリカでもっとも読まれたものの一つがシンデレラであった。建国以来王政の存在しない（もっといえば、王政から離脱することで「国」となった）アメリカにおいて、人々に幅広くこの物語が受け入れられたというのは、少し妙なことだと思うかもしれない。川田雅直『世界のシンデレラ』に掲載された馬場聡による解説によると、アメリカ国民に深く根付いていた「アメリカン・ドリーム」という概念、すなわち階級横断への強い志向こそがシンデレラ需要の背景に存在しているようだ。たとえ恵まれない生まれであっても、誠実に実直に働いていれば、全ての人に成功の余地が広がっているというこの言説は、ホレイショ・アルジャーによる『ぼろ着のディック』シリーズなどの成功物語を人々が求めることに繋がった。「アメリカン・ドリーム」の女性版としての「シンデレラ・ストーリー」が、このようにアメリカ女性の求める物語へと定着していったのだ。

　そのように考えると、ガラスの靴の代わりにコルセットを落とすシンデレラと、それにぴったりの体の女性を探す王子によるシカゴ・コルセット・カンパニー版シンデレラは、コルセット販売促進用に強引にねじ曲げられた物語と笑ってばかりもいられないのかもしれない。コルセットは20世紀転換期の女性大衆にとって、より高い階級を目指す上昇志向の象徴のような側面があった。当時の女性にとって、コルセットはガラスの靴以上に「高み」を感じさせる象徴的なアイテムだったのだ。

出典：*The Independent*, August 7, 1906.

第2章 ロイヤル・ウースター・コルセット・カンパニー

創業者デイヴィッド・H・ファニング

前章で検討したように、工業化と移民の大量流入によって産業都市として拡大したウースターであるが、ここでは特にコルセット産業に注目しよう。1915年のウースターの住所録を見ると、市内だけで10のコ

1910年頃のRWCC

ルセット工場が登録されていた。その中でも最も巨大な工場がRWCCによって運営されるものであった。

RWCCの歴史を、同社の広報資料に掲載された創業者デイヴィッド・H・ファニングの経歴を中心に見てみよう。デイヴィッド・H・ファニングは1830年にコネチカット州ジュエット・シティで生まれた。彼の祖先は17世紀後半の植民地期アメリカにおけるフィリップ王戦争をきっかけに英国から新大陸に渡った兵士であ

デイヴィッド・H・ファニング
出典：American Antiquarian
Society

り、彼の祖父は独立戦争に、父は1812年戦争に従軍している。7歳の時に父を亡くし、兄の働く麻や綿の精製工場を手伝うことになった。1846年に16歳で故郷を離れ、各地を転々とする生活を送る。クリーブランドでは簿記係を、ウースターではセールスマンの仕事をすることもあった。

転機は1861年に起こった。父も祖父もアメリカのために戦ったことを誇りとするファニングは北軍へと志願するのであるが、健康上の問題から断られてしまった。その無念を製造業に打ち込むことで晴らそうと、同年ウースターにフープ・スカー

開業したばかりのフープ・スカートの工場で働くファニングと従業員

ト（張り骨でシルエットをふくらませたスカート）の小さな工場を二人の女性従業員とともに開始した。彼の会社ウースター・スカート・カンパニーが制作したフープ・スカートは高い評価を得て事業は拡大するが、このファッションアイテムの未来に限界を感じ、将来性のある製品としてコルセットに注目した。幅広い層の女性によってコルセットが着用される未来が彼には見えたらしい。彼の会社は1888年にはウースター・コルセット・カンパニーに、1901年にはロイヤル・ウースター・コルセット・カンパニーへと名称を変更し、生産をコルセットへ特化していくこととなる。1895年には「コルセットのみを製造する工場としては全世界で最大の」工場を建設し、最大2,000人の女性労働者を抱える巨大な産業となった。1898年にネブラスカ州オマハで開催されたトランス・ミシシッピ国際博覧会においてRWCCの

トランス・ミシシッピ国際博覧会（1898年）でRWCCが得たメダル
出展：American Antiquarian Society.

出典：*The Independent*, March 1902.

コルセットが金賞を受賞するなど、20世紀転換期はRWCCが最も高い評価を得た時期であった。

　以上はRWCCの広報資料に掲載された経歴なので、その正確性などは割引いて考えなければいけないかもしれない。そのような中でも注目したいのは、ファニングの歩みがアメリカの歴史や伝統のなかに位置付けられていること、成功の要因として個人の創意と努力が強調されていることだ。まず冒頭で、彼がイングランドとアイルランドをルーツに持ち、植民地時代には既にニューイングランドに移り住んでいた血統であることが強調されている。

　　彼の背後にはたくましい植民地時代の血統が存在する事実は、自信（confidence）、決断力（determination）、勇敢さ（courage）という三つの資質を彼の若い精神に染み込ませることとなりました。（*Achievement: 1861-1920*, 1920, p. 2.）

　19世紀後半から移民が大量に到来し、そのような人々がウースターに、そしてRWCCの工場にも吸収されている時代に、彼の「血統」がここまで強調されることには意味があるように感じられる。しかし、少年時代の彼はそのような血統に依って生きることはできない。7歳で父親を亡くし、気まぐれとしか思えない流浪の生活が始まる。「自由を求める衝撃に取り憑かれ」故郷を飛び出し、ホレス・グリーリーの「若者よ西へ向かえ」という言葉に感化されあてもなくシカゴへおもむいたりする。しかし、そのような無軌道に見える彼の青年期の遍歴も「厳しい困難に勝利し、あらゆる障害を乗り越える」物語として解釈されるのである。それはアンドリュー・カーネギーやジョン・ロックフェラーの立身出世物語、後に「アメリカン・ドリーム」と呼ばれるような物語に、

ファニングの人生を再解釈するような試みであった。また、カーネギーやロックフェラーと同様、得た富を社会に還元する姿勢も強調されている。ウースターにおけるハーネマン・ホスピタルや女子学校の建設がファニングによる「フィランソロピー」として様々な広報資料において言及されている。後述するRWCCの労働者に対する福利厚生についての対外的なアピールも、その一環であろう。そのほかにも、「禁酒の息子たち」の会員であるなど、禁酒運動にも積極的に関わっていた。

RWCCの女性たち

19世紀半ばまでのコルセット製造は腕力と熟練技術を要する職人によるものであったが、技術革新などによりそれほど高い熟練技術を持たなくても労働者を大量投入することで大量生産が可能な産業となっていった。そして20世紀に入る頃には、コルセット工場で働く労働者のうちの大半を女性が占めることになっ

親がアメリカ生まれのアメリカ人	親が外国で生まれたアメリカ人	移民
82	312	118

ウースターのコルセット産業における
白人女性労働者の構成（1900年）

未婚あるいは不明	既婚	寡婦	離婚
487	15	15	0

ウースターのコルセット産業における白人
女性労働者の婚姻状態（1900年）

10-15歳	16-24歳	25-44歳	45歳以上
19	114	4	30

ウースターのコルセットにおける産業の
白人女性労働者の年齢（1900年）
出典：*Occupations at the Twelfth Census,*
1904.

た。例えば1900年の国勢調査では、全米のコルセット工場で働く労働者8,016人のうち、男性は815人、女性は7,201人であった。RWCCにおいても、週給10ドルという高額な賃金もあって広範な地域から女性労働者が集まることに

なった。

　国勢調査から、ウースターのコルセット工場で働く女性労働者がどのような人たちであったのかをうかがい知ることができる。それによれば、女性労働者のうち元々アメリカに住んでいた両親から生まれた者が16％、移民の親のもとにアメリカで生まれた者が61％、移民第一世代の女性が23％であった。有色人種は一人もいなかった。また、ほとんどが独身女性であり、年齢を見ると16歳から24歳までが最も多く全体の68％であった。父親か母親が移民である場合の出身国はアイルランドが最も多く、

オーストリア＝ハンガリー	0
カナダ（英語圏）	19
カナダ（フランス語圏）	114
ドイツ	4
英国	30
アイルランド	211
イタリア	2
ポーランド	2
ロシア	2
スカンジナビア諸国	26
その他の地域	5

コルセット産業における本人もしくは親が外国
生まれの女性労働者の出身国
（ウースター、1900年）

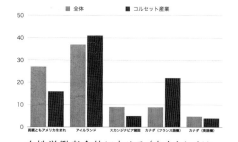

女性労働者全体に占める（本人もしくは
親が外国生まれの）出身国の割合
（ウースター、1900年）
出典：*Occupations at the Twelfth
Census*, 1904.

コルセット工場で働く女性労働者のうち41％、次いでフレンチ・カナダ系の22％、それ以外ではイギリスや北欧からの移民が多かった。これは同年のウースターにおける他の職種と比べると特徴的である。例えば家庭内労働をおこなう使用人を見ると、移民第一世代の女性が61％と最も多く、アフリカ系も4％ほど存在した。また、帳簿係のような事務職を見ると、アメリカに住んでいた両親から生まれた者が最も多く52％、次いで移民の親のもとにアメリカで生まれた者が40％、移民第一世代の女性が8％であった。つまりコルセット工場

で働くのは移民第二世代の、まさにアメリカ人になろうとしている若い独身女性が最も多かったことがわかる。そして、その中でもフレンチ・カナダ系の女性の割合が、他の労働の現場に比べて極めて高かった。

RWCCでの生活

RWCCは彼女らの作業やレクリエーションの光景を広報写真としておさめ、雑誌広告や記念ポストカードなどで積極的に活用した。これらの写真には彼女らの日々の生活が克明に刻まれている。そこでは彼女らが工場において充実した生活を送っていることが強調された。

出典：American Antiquarian Society.

例えば1921年に工場に新たに増設された棟は女性労働者の充実した生活のために建設されたものであった。

〔この建物は〕製造のためのものではありません。従業員のレクリエーションのためだけに慎重に構想された成果なのです。あるいはこう言うこともできるかもしれません。ファニング氏が長年にわたって熟考してきた理想の実現であると。彼の構想とは従業員が独占的に使用できる空間をつくり完璧なものにすることでした。そこで彼女らは昼の休憩時間に体を休め、レクリエーションや娯楽に身を浸すことができますし、終業後に親睦を深めるための集まりを催すこともできるのです。

(*Achievement*, p. 5.)

この新棟には講堂、舞台、ダンスフロア、音楽室、図書館、サンルームなどが備わっていた。RWCCの広報写真には清潔なダイニング・ルームでの食事風景や、食事後のホールにおける（女性だけの）ダンス風景などがおさめられている。これらの写真は、労働者の確保のために大きなアピールとなったことだろう。

それと同時に、RWCCの労働者たちの多くが移民第一、もしくは第二世代の若い女性たちであったことにも注意を払うべきであろう。つまり第一章で見てきたような、セツルメント・ハウスのような施設における移民の「アメリカ化」の試みと、RWCCの女性たちの余暇の過ごし方の管理を関連づけて捉える視角が必要ではないだろうか。セツルメント・ハウスにおいても、劇や読書会、ダンス・パーティーのようなレクリエーションが

出典：Harvard Art Museum.

出典：American Antiquarian Society.

移民のアメリカ化の装置となっていたことを、RWCCの写真からは想起させられずにはいられない。

また、RWCCは「コルセット学校（School of Corsetry）」を設置し、百貨店等でのコルセット販売員の育成もおこなっていた。このことから、工場における生産だけではなく、それをいかにして売るのかという点にも目が向けられ

ていることがわかる。女性向け雑誌に
掲載された華やかなイラスト付きの広
告などとあわせ、大量生産・大量消費
という20世紀の新しい仕組みに、
RWCCが適応しようとしていたこと
を推し量ることができる。

出典：Harvard Art Museum.

　もう1点、1993年にウースターの
地方紙『テレグラム・アンド・
ガゼット』に掲載された、リタ・
リアドンという当時83歳の
女性のインタビュー記事が関
心をひく。彼女は1926年か
ら1935年にかけて、RWCC

出典：American Antiquarian Society.

のコルセット工場で働いていたが、工場内でスカウトされモデルとしても働く
ことになった。デザイナーが新たな商品を開発すると彼女に声をかけ、シカゴ
など様々な都市に電車で赴きバイヤーのためのショーに出演していたのだ。自
社で生産された商品を売るための試みをここでも垣間見ることができる。それ
と同時に、本書のテーマである「つくる女性」と「つける女性」とが交差する
現場としても興味深い。

❧コラム2❧ 顕示的消費とコルセット

　現代の消費文化、特に高価なものを取り憑かれたかのように消費していく傾向を探る際に、盛んに参照されるのがソースタイン・ヴェブレンによって1899年に書かれた『有閑階級の理論（*The Theory of the Leisure Class*）』である。ヴェブレンは「顕示的消費」という言葉で、富の所有を誇示するための消費が19世紀末に拡大したことを論じた。この時代は「金ぴか時代」と呼ばれ、工業化と経済発展を背景に大企業とその経営者である新たな富裕層が誕生した時代であった。そのような有閑階級たる富裕層が高価な品をこれ見よがしに消費することで、自らの所属する階級を示そうとしているのだとヴェブレンは指摘した。ヴェブレンが扱った時代から100年以上が経った現代では、彼の理論がそのまま当てはまらないことも多々あるのは確かだ。（彼は20世紀以降のいわゆる「大衆消費社会」を直接検討したわけではない。）しかし、「人は生きるためには必ずしも必要ではない物や事にどうしてお金を使うのか」という今日まで続く普遍的な問いへの様々な示唆が『有閑階級の理論』にはあふれている。「顕示的消費」のなかでも典型的なものとしてこの本でしばしば取り上げられているのが衣服の消費であった。ヴェブレンによれば衣服は他のどのような商品よりも見せびらかすための支出が容認される傾向にあり、衣服に充てる支出の大半は身体を守るためではなく見てくれを良くするためのものである。そして、「見てくれのため」に着用する典型的なアイテムがコルセットであった。コルセットに代表される身体を拘束する衣服のアメリカにおける流行について今日の研究者が言及するときに、必ずといっていいほど『有閑階級の理論』は参照されている。

ヴェブレンがコルセットについて言及するのは第7章「金銭文化の表現とし
ての衣服」である。その時にキーワードとなるのが「代行消費」と「労働から
の免除」である。富が富裕層に集中すると、そのことを誇示しようにも一人の
人間が消費できる金額を超えてしまう。そのため、消費を代行する存在が必要
になる。そのような顕示的消費の代行者のなかでも主な存在が、主人の隣にい
る妻なのだ。富を増やす事に忙しくて顕示的消費をする余裕が無い男性に代
わって女性が消費を司る存在となる。そして自分たちが有閑階級であることを
服を着るという行為で示すためには、労働から免除されていることを身なりで
示す必要がある。ヴェブレンの議論を具体的に見てみよう。（引用はいずれも
1912年版を筆者が訳したもの。）

　　女性の服装は、労働からの免除を主張する度合いにおいて今日の男性のそれ
　　を超えるだけでなく、男性が習慣的に行っているものとは種類が異なる、独
　　特で非常に特徴的な様相が加わっている。この特徴の典型例がコルセットで
　　ある。コルセットは、経済理論から見れば、実質的に身体を損なうものであ
　　り、対象者の活力を低下させ、永久的かつ明確に労働に適さない状態にする
　　ためのものである。（Thorstein Veblen, *The Theory of the Leisure Class*,
　　1912, pp. 171-172.）

　　ハイヒール、スカート、実用的でないボンネット、コルセットにおいて着用
　　者の快適さが総じて無視されていることは、文明化した女性の服装の明らか
　　な特徴であり、現代の文明的な生活様式において、女性が理論上は依然とし
　　て男性の経済的従属者であり、観念的に表現するならば、女性はいまだに男
　　性の所有物であることを示す様々な証拠である。（Veblen, pp. 181-182.）

有閑階級の衣服の目的の一つとは、自分たちが汗水流してあくせく労働することを免除された選ばれた階層であることを示すことであった。そしてそのような労働からの免除を衣服で示す役割を女性が担った。つまり、なぜあのような身体を拘束するコルセットを当時の女性は着用しなければならなかったのかという問いへの答えとして、身体を拘束するアイテムこそが求められていたのである。

　ヴェブレンが『有閑階級の理論』を出版した1899年は、まさにアメリカにおけるコルセットの全盛期であった。しかし、先の引用は彼がコルセットの衰退を予期していたと言うことはできないだろうか。すなわち、女性が男性に依存するというジェンダー秩序が見直されたときに、コルセットのような女性を拘束するアイテムは役割を終えることになる。

第3章　20世紀転換期アメリカにおける
コルセットの興亡

コルセットの大衆化

コルセットの歴史を見るときに必ず参照される文献であるヴァレリー・スティール『コルセット—ある文化史』（2001年）の冒頭に「コルセットは服飾史全体を見渡しても、おそらく最も論争されてきた衣類であろう」と書かれている。コルセットの歴史を見ることは、身分制度や階級構造、ジェンダー秩序や産業の変遷過程を見ることに他ならない。本章ではそのようなコルセットの歴史のなかでも最も激動の時代であった20世紀転換期を中心に、コルセットの「大衆化」をキーワードに考えていく。

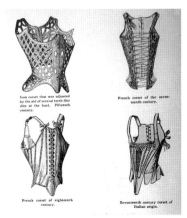

15世紀から17世紀のヨーロッパにおけるコルセット
出典：American Antiquarian Society.

西洋におけるコルセットの歴史は古く、近代のコルセットに繋がるものとしてはルネサンス後期にまで遡ることができる。そしてそれは18世紀フランスの宮廷におけるパニエの流行などと相まって、王族や貴族階級によって着用されるものとして、デザインを変えながらも身につけられてきた。背部のコルセットの紐を数人がかりできつく締め上げる（タイト・レイシング）風刺画が描かれるようになったのもこの時代であった。その後、フランス革命とそれに続く

時代に「新古典」的な服装が一時的に流行し、コルセットの着用を前提としないシュミーズ・ドレスが着用された時期を経て、19世紀半ばにはクリノリン・スタイルやバッスル・スタイルのなかで、再びコルセットは女性のファッションに不可欠なものとなっていった。

　この時期のコルセットは、硬い直線的なフォルムに女性の身体をはめ込むものから、豊かな曲線美を作り出す装置としての側面が強くなった。豊かなバストとヒップ、その間の細いウエストという体格線である。特に1870年代以降のヨーロッパでは、胴体をきつく締め上げることで砂時計型の体型を作り上げることが流行した。コルセットはそのような細いウエストを実現するために不可欠なアイテムとなったのである。このようなフォルムを無理なくつくるために、コルセットはより細かい部品で構成されるようになり、特に紐とそれを通す穴の技術革新が進んでいった。

　19世紀ヨーロッパにおけるコルセット復興の最大の特徴は、コルセットの大衆化であった。この時代のヨーロッパは、社会や経済の、ひいては文化の中心が貴族からブルジョワへと移行していった時代である。また、急激な産業化に

1895年のカタログより
出典：American Antiquarian Society.

より工場労働力が都市部に集まり始め、彼ら賃金労働者がファッションを消費する主体となる前兆が見られ始めた時代でもあった。そのような時代に中産階級から労働者階級、そして農民の女性もコルセットを着用して労働をするようになった。1870年のパリにおいては、年間150万着のコルセットが製造されていた。様々な階層の女性がコルセットを着用するようになったということは、コルセットが多種多様になることを意味する。素材や製造工程の精度などによって、様々な価格と質のコルセットが市場に流通することとなった。また一人の女性のなかでも、1日の予定によって様々なファッションに身を包むことになり、多くのコルセットを所有する必要がでてきた。消費者層が大衆となり、多種多様なコルセットが製造・販売されるということは、それをアピールするための広告の重要性が高まることも意味した。

1910年代のカタログより
出典：American Antiquarian
Society.

　ヨーロッパにおけるコルセットの普及の波は、アメリカにも届くことになる。服飾史研究者の濱田雅子によれば、アメリカ人は「祖国ヨーロッパの貴族の服飾への強い憧憬の念をいだき続け」、クリノリンやバッスルといったヨーロッパの最先端の流行を積極的に受け入れていった。例えば映画『風と共に去りぬ』（1939年）の冒頭部分で、南北戦争期の南部プランターの娘たちがクリノリン・スタイル

のドレスで集まり、コルセットをつけたまま昼寝をするシーンを見ることができる。特に1870年代にアメリカに流入したバッスルについては、アメリカの多くの女性たちが見様見真似で、時代遅れのスカートの後ろにまるめた新聞紙を入れてお尻の部分を膨らませてシルエットを作ろうとしたというエピソードを、濱田は紹介している。

　なぜこの時代の女性たちは取り憑かれたようにコルセットを着用したのであろうか。ヨーロッパの女性たちが着用していたから、男性に対するアピールのため、といった理由で説明するのは簡単だが、『下着の歴史』（1951年）の著者であるセシル・ウィレットとフィリスのカニントン夫妻によれば、それ以上にコルセットの着用は「モラル」の問題であった。自己を厳しく制限する、律するという意味がコルセットには込められていたというのである。確かにこのような価値観は、19世紀の英米で共有されていたヴィクトリア朝的女性観と結びつくものである。そのような女性像を歴史家は「真の女性らしさ（true womanhood）」と呼ぶ。女性史研究者のエレン・キャロル・デュボイスとリン・デュメニルは、この「真の女性らしさ」概念の特徴を3点挙げている。それは「真の女性が活躍する場所を家庭、家族、子育て、家事に限定」していたこと、敬虔や貞淑や自己犠牲といった「女性的な資質を自然に表現することを重視」したこと、「行動とリーダーシップは男性に任せ、女性はインスピレーションと補助者としての領域を守る」べきと考えられていたことである。そのような女性のあり方を身体で示すために、コルセットは求められていたと解釈することができるのかもしれない。

　19世紀末にコルセットがアメリカにおいて急速に普及した背景としてもう一つ忘れてはならないのが、この製品がヨーロッパからの輸入から自国生産へと移行していったことである。それまで鯨髭を用いていたものが金属のワイ

ヤーに切り替えられ、ゴムなどの新しい素材も導入された。また、金属製の鋳型ボディを使うスチーム成型法が開発され、大量生産が可能な技術革新も進んでいった。工業化が急速に進み、鉄や石炭といった天然資源も豊富なアメリカ北部の工業地帯において、コルセットを大量生産することがこの時代には可能になったのであった。また、このような工業化は、それまでの腕力と熟練技術を必要としたコルセット製造のあり方を変え、女性労働者が活躍する余地を生むこととなった。

　この時代の技術の進歩は、理想の体型の実現と着心地の良さの両立をコルセットに求めることになった。RWCCを含むこの時代のコルセット広告を見ると「着心地（comfort）」や「健康（health）」そして「自然（nature）」といった言葉が繰り返し使用されていたことがわかる。例えばRWCCが20世紀初頭に配布した小冊子には「自然は、女性自身がつくった身体が、その自然な姿に全く似つかわしくないように歪むことを意図していない」と記され、コルセットは自然を歪めるものではなく、自然な状態を引き立てるものあることが強調される。

出典：*The Ladies' World*,
June 1908.

もう一点、コルセットの普及を考えるにあたって忘れてはならないのが、販売経路の発達と多様化である。常松洋はモノを買う／売るという行為の変化を「お得意から消費者へ」と表現している。大量生産の流れのなかで、かつては顔なじみの職人や商店主から品物を購入する顧客だったアメリカ人は、この時代に顔の見えない不特定多数の消費者へと変貌したのだ。そのような消費の現場の中心となったのが大都市部に登場した百貨店であった。メイシーズ、ワナメーカーズ、ギンベルズ、ロード・アンド・テーラーといった百貨店がニューヨークやフィラデルフィアに建ち、ヨーロッパの最新のファッションを提供しつつ、アメリカ独自のスタイル誕生の土壌となる場でもあった。各コルセット・メーカーも百貨店ないしはその近隣において自社の最新製品の周知に努めた。例えばRWCCのニューヨーク支店は34丁目のブロードウェイのすぐそばであり、メイシーズ本店と目と鼻の先であった。百貨店は均質な価格、均質なサービスを提供し、消費者を「従順」に受け身にしていく。前述した広告の発達も相まって、人々は（生きるためだけならば本当は必要ないのだが）買わずにはいられないものを求め

ロード・アンド・テイラーの
蒸気で動くエレベーター
（1872年）

シアーズ・ローバックの
通販カタログ（1899年）
出典：Pauline Maier et al. eds,
Inventing America: A History
of the United States (New
York: Norton, 2003)
574, 605.

て、百貨店に詰めかけるのだ。

　コルセットの消費のあり方について考える際にもう一つ重要なのが通信販売の発達である。百貨店は都市の居住者以外にはアクセスするのは難しい。広大な国土の人々全体を消費者として編成するためにはカタログから欲しい商品を選びメール・オーダーするという販売形態の確立が不可欠であった。1890年前後にはシアーズ・ローバック社が大規模な通信販売網の拡充を進め、多くの百貨店もそれに続いた。例えば1910年のメイシーズのカタログを見ると、RWCCをはじめ、ワーナーズ・コルセットやC. B.コルセット、フェリス・ウエストといった主要なコルセット・メーカーのイラストや説明文が並び、消費者はそこから自分の購入したいものを選び、採寸して、郵送で注文すれば良いのだ。選択肢が無数に用意され、自宅にいながら消費者となるこのメール・オーダーの仕組みは、コルセット産業が最後に華やいだ20世紀初頭にさらに普及していった。

コルセット産業の衰退

　20世紀に入るとコルセットは再び変化していく。RWCCではサファイヤ・モデルと呼んだ、ストレート・フロント（前面ではウエストをくびれさせない）モデルが主流となっていく。このコルセットは腰の下部まで伸び、19世紀後半の砂時計型のシルエットから女性の身体が離れていっていることを示していた。イラストレーターのチャールズ・ダナ・ギブソンが描くいわゆる「ギブソン・ガール」に当時の女性の理想の身体が現れている。いまだコルセットの着用が前提となるスタイルであったが、その後のストレートなシルエットへの流れとコルセットの衰退を予感させる変化であった。

1920年代を一つの契機として、アメリカの
女性たちは明らかに従来のコルセットからは離
れていった。このようなコルセット離れの説明
として頻繁に取り上げられるのが、ポール・ポ
ワレ、マドレーヌ・ヴィオネ、ガブリエル・"コ
コ"・シャネルらフランスのデザイナーが、パ
リの最先端のファッションからコルセットを
「追放」したという言説である。その影響が多
かれ少なかれあったのであろうが、アメリカに
おける女性の理想の体型もよりスリムでスト
レートなものへと変化していった。1920年代

1920年頃のカタログより
出典：American Antiquarian
Society.

の新しい女性たちによる、いわゆるフラッパー・スタイルもその流れのなかに
あるのであろう。このようなストレートなシルエットは「若さ」と関連づけら
れて価値を置かれたという点も重要だ。世代間の対立や好みの違いが消費文化
の中で顕在化した時代でもあった。かつてのコルセットで胴体を細くする体型
を上の世代の時代遅れのスタイルとみなすような若い世代が年々増えていけ
ば、従来のコルセットが消費社会の中で取り残されるのは必然であろう。

　ただし、ヴァレリー・スティールも指摘するように、20世紀前半の歴史を「女
性のコルセットからの解放」というような単純なものと捉えることはできな
い。コルセットそのものの形や機能が、女性の体型の理想にあわせて変化して
いったという側面に目を向けるべきである。「コルセットをしていないように
見せるためのコルセット」という一見矛盾するような文句の広告も登場してい
るくらいである。コルセットに求められる機能が変化するなかで、より簡易的
な下着に次第にとって替わられるようになったという表現が適切であろう。カ

ニントン夫妻による『下着の歴史』においても、1920年代、30年代を下着の種類が急激に増えた時代と解説しており、コルセットはシュミーズ、キャミソール、ブラジャー、ニッカーズなど様々な下着の選択肢の一つとして埋没することになる。

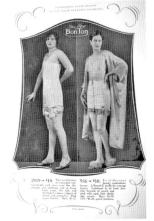

　もちろんこの時代におけるコルセットの「後退」の背景として、女性の社会的・経済的な進出と、女性運動の盛り上がりを無視することはできない。前述したように19世紀のコルセットの急速な普及が、女性の家庭性、利他性、労働からの免除といった規範に支えられていたのだとすれば、そのようなジェンダー秩序が動揺したときにコルセットの役割も終わることとなる。また、女性運動のなかで女性の身体の保護への意識が高まった時、女性の身体を損ないうるものが攻撃されることにもなる。

1927年のカタログより
出典：American Antiquarian Society.

　コルセットに代る新たな下着の登場の背景を考えるためには、化学繊維の下着への導入にも目を向ける必要がある。19世紀末にフランスで誕生したレイヨンは、1905年にはイギリスで本格的に導入され、アメリカでも1920年代には急激に普及した。下着の歴史について研究したベアトリス・フォンタネルはこの化学繊維が下着の「民主化」をもたらしたと指摘する。それまで裕福ではない女性には手が届かなかっ

たシルクやサテンに近い肌触りの下着が安価で購入できるようになったのである。この新素材が導入されつつ、1920年代には下着がバストとヒップで分けられるのが普通になっていった。1930年代にダンロップ社によって新たに導入されたゴム素材と相まって、従来のコルセットのそれとはかけ離れた製造法で、新たな下着が大量に生産・流通していくことになる。

　もう一点、戸矢理衣奈が『下着の誕生』（2000年）において、コルセットの後退の要因として指摘した興味深い考察を取り上げよう。それは女性の「身体の発見」である。19世紀末に「暖かな湯がいつでも利用できる湯沸かし器」としてガス湯沸かし器が大々的に宣伝され、家庭に導入され始めた。戸矢は「湯沸かし器の普及による温水浴の実現とほぼ同じ時期に、家庭での浴室の独立が重なっている」という時代の一致に注目する。当時の女性は独立したバスルームの中で、他人の目を恐れずに温浴がもたらす身体の解放感を楽しむようになった。そのなかで戸矢が注目するのは、女性は入浴によって長いバスタブのなかに沈んでいる自身の身体をゆっくりと目にすることになったという変化である。これは「1880年代に新たなる美の規範として、コルセットに塑型されたフィギュアではなく衣装の下のボディが強調され、受容されていく過程とも大きく関連しているだろう。」

　入浴の習慣と並んで戸矢が注目するのが照明の進化である。19世紀半ばに屋内照明としてガス灯が普及したが、それは換気を必ず必要とする、現代から見れば不便な装置であった。それが1880年代に電灯が導入され、プライベートな空間に光が届く時代が到来した。このような変化によって化粧文化が急激に進むのであるが、それと同時に、それまで薄暗がりの中でしか認識することのできなかった自分の身体を、明るい光の中で明確に視認することになるのだ。かつてはコルセットを伴いドレスを着用する公的な空間での容姿こそが自分の

身体であったが、入浴の習慣と照明器具の発達によって、女性はコルセットを伴わない「自然」の自分の身体を「発見」するのである。

　入浴や照明に限らず、20世紀転換期は人々が「身体との遭遇」を果たした時代であった。それは医学や衛生の発展、反売春や禁酒運動の「科学」的な根拠づけ、スポーツや身体運動の普及とも繋がる。そのような身体の発見と「ふさわしい体」を希求する人々の欲望のなかに、コルセットの衰退も位置付けられるのかもしれない。

1921年のカタログより
出典：American Antiquarian Society.

ー雑誌広告のなかのコルセットー

筆者所蔵の20世紀初頭の雑誌からコルセットの広告をピックアップした。

THE
PRINCESS
VEST

From Mill to You
5 for $1.00
SENT PREPAID
NEATLY BOXED

FITS THE FORM

FOR the girl or woman who desires beauty and comfort in underwear. Made of a Swiss knitted texture with an elastic weave that fits the form. *Will NOT stretch out of shape.* Exquisitely finished with pure silk ribbon insertion in neck and shoulder straps. You will pay from **30 to 40** cents at any store for a vest of the same quality. Our plan of selling from **Mill to Wearer** enables **You** to save **two profits**—Jobber's and Dealer's. Send **$1.00** by mail or money order, together with your waist and bust measure and five **Princess Vests** will reach you prepaid. Satisfaction **guaranteed** or money back.

Send today. Address Dept. E.
PRINCESS MILLS, HARRIMAN, TENN.

出典：*The Ladies' World*, June 1908.

Improve Your Figure!

You will be surprised and delighted at the difference in your appearance when you wear

Nature's Rival

Inflated as you wish, it fills the hollows and rounds out the curves—in fact, is the only sensible article of its kind ever offered. Its thousands of satisfied wearers are its best endorsement. **Nature's Rival weighs only 4 ounces,** and though simple in adjustment, remains in a graceful and natural position under all conditions, whether exercising or in repose. It is absolutely sanitary, is easily laundered and is worn effectively with or without corset.

Any thin woman can look like this .Nature's Rival makes the Princess or Empire gown a possibility and the cut of your tailor-made no longer a problem. Even your dressmaker could not detect the secret of your perfect figure.

You can try one at our risk and expense.

Write at once, enclosing a 2-cent stamp, and we will send you free our handsomely illustrated booklet containing ten beautiful half-tones of the same model in various costumes. *Reliable agents wanted for new territory.*

NATURE'S RIVAL COMPANY, 938 Tacoma Bldg., Chicago, Ill.

出典：*The Ladies' World*, June 1908.

Style No. 529.   *Price, $1.00.*
Single ply Batiste, linen finish. Bone buttons. 19 to 30 inches.

Healthful Support

You don't have that everlasting "I want to take it off" feeling if you wear a Ferris Waist. You feel comfortable and rested at all times.

FERRIS
GOOD SENSE WAISTS

are superior to steel corsets because they support without constricting. A waist for every age—childhood, girlhood, womanhood.

Inferior imitations are sometimes sold as Ferris Waists. Protect yourself by looking for the name FERRIS GOOD SENSE on each waist. For sale by leading dealers everywhere.

Send for the Ferris Book, free.
"30 years of Good Sense."

THE FERRIS BROS. COMPANY,
341 Broadway, New York.

Corset-Covers
For the Summer Workbag
By Ida Cleve Van Auken

IF YOU chance to peep into the workbag of the girl of today you will find quite a different array of materials from what you would have found in the old-fashioned reticule of her grandmother's time. Instead of the delicate crocheting and tedious embroidery there are rolls of lace and linen to be deftly made up into frilly neck accessories, or a blouse, or more often a corset-cover. Corset-covers especially make the most fascinating bit of odd-minute needlework. The general outline varies little in style, they are easy to put together, and they offer an opportunity for originality of design in trimming.

They should above all things be dainty, and to have them dainty you must use soft, fine materials and a fair quality of lace. If you cannot afford to buy a good quality of lace to make a corset-cover in so elaborate a style as, for instance, the one at the top of the column on the right, it would be better to choose a simple design. There is a charming cover at the top of the left-hand column. This is trimmed with tiny embroidered wreaths with a scalloped outline edged with lace. Not more than a yard and a half of lace would be required to trim this corset-cover and you could cut it out of half a yard of nainsook. Nainsook, by-the-way, is, I think, the very nicest material to use, with the exception of handkerchief linen. You can get a wonderfully pretty nainsook at thirty-five cents a yard that is quite good enough for your very best lingerie. A sheer quality of handkerchief linen a yard wide costs seventy-five cents or a dollar. Dotted Swisses and lawns are pretty but not serviceable, and as we all want these pretty garments, into which we put so many fine stitches, to wear as long as possible, it is wiser to choose a good grade of nainsook, than which nothing will wear better.

AS TO the laces, French and German Valenciennes make the prettiest trimming. They have a very soft, indefinite, lacy effect and wear extremely well. The corset-cover in the centre on the left is made exquisitely lacy with two widths of Normandy Valenciennes edging. The lace edging in the body of the corset-cover is joined with a strip of linen worked with long eyelets through which the ribbon is drawn. Two rows of edging joined with beading form the shoulder-straps. These straight corset-covers are extremely simple to make, but they must be fitted at the under-arm seam below the lace trimming. You cannot get a well-fitting corset-cover by gathering in the entire fullness at the back and in the front. Slant it at the under-arm just as you would a waist. Cut the lace for the shoulder-straps so that the outer row will be shorter than the inner row. They will then conform with the lines of the body and this will prevent the straps from slipping off the shoulders.

There is an unusual arrangement of medallions and lace insertion on the corset-cover in the centre of the right-hand column. The medallions are prettily formed of cross-tucks outlined with lace edging. At the neck the ribbon is drawn through eyelets worked directly in the corset-cover.

The workbag at the top of this column is a perfect dear. It is made of four strips of ribbon, and if you will write to me, inclosing a stamped addressed envelope, I'll tell you just how to make it.

How to Obtain a Pattern Agency

THOSE who wish to act as agents for the sale of our patterns should apply to The Home Pattern Company, 613 West Forty-third Street, New York City, which is the regularly authorized concern for the manufacture and sale of The Ladies' Home Journal Patterns.

The Home Pattern Company has opened a branch office and factory in Canada. Address 22 Lombard Street, Toronto, Ontario, Canada.

出典：*The Ladies' Home Journal*, July 1908.

Style 447   **Price $1.50**

A new bust supporter, having lacing adjustment at bust, with band to draw into position under bust. Also lacing at back to make perfect fit. A very satisfactory garment. Fine batiste, with ribbon lace trimming — try them.

FERRIS
Bust Support

The stout woman finds great comfort and rest in a Ferris Bust Support. Besides holding the bust in the proper form it imparts a trimness to the figure and makes the gown fit neatly. Ferris Good Sense Waists are made in all styles and sizes for children, maids and matrons.

Inferior imitations are sometimes sold as Ferris Waists. Protect yourself by looking for the name FERRIS on the front of each waist. For sale by leading dealers.

Write for Free Ferris Book.
"30 years of Good Sense"

THE FERRIS BROS. COMPANY
341 Broadway, New York

出典：*The Ladies' Home Journal*,
July 1908.

出典：*The Ladies' Home Journal*,
September 1908.

FERRIS GOOD SENSE WAISTS

Allow free action of the lungs, at the same time giving the desired restraint to the figure.

Bring the weight of the clothing upon the shoulders—support the back, abdomen and waist. Beautify the form, and give perfect comfort.

Ferris Waists are of all styles and shapes necessary to properly fit all ages from

Childhood to Womanhood

Comfortable as an undervest, yet holding the figure in beautiful, easy, graceful lines. *Inferior imitations are sometimes sold as Ferris Waists.* Protect yourself by looking for the name FERRIS on the front of each waist. Every garment is guaranteed.

For Sale by All Leading Dealers

Write for Free Ferris Book, *"30 Years of Good Sense."*

THE FERRIS BROS. COMPANY
341 Broadway, New York

A BOON TO THE SLENDER WOMAN

Sahlin PERFECT FORM AND CORSET COMBINED

The only garment that, without artificial attachments, produces the high bust and tapering waist which present styles demand. **Thousands of women recommend it.**

No pressure on heart, lungs or stomach, throws shoulders back naturally and expands the chest.

There is no substitute. Ask your dealer for "SAHLIN," which is your guarantee. We will send direct if he cannot supply you. **Money refunded if not perfectly satisfactory.**

NO HOOKS — NO CLASPS — PAT'D — NO EYELETS — NO STRINGS — NO HEAVY STEELS

Comes in high, medium high, or low bust. Made in white or drab corset sateen, also white batiste. Give actual waist measure and bust measure desired and length from armpit to waistline.

Best Grade $1.50, Medium $1.00

Ask for Free Fashion Booklet full of interesting information

THE SAHLIN COMPANY, 1326 Wabash Avenue, Chicago

W.B. Reduso CORSETS

For Large Women

The REDUSO will improve the figure of over-developed women. It accomplishes remarkable results with the greatest ease, effecting a positive reduction of from one to five inches entirely by its scientific construction and entirely without the aid of cumbersome straps or harness-like devices.

REDUSO, Style 770 (as pictured) for tall, large women. Made of very serviceable white coutil or batiste with three pairs hose supporters. Sizes 19 to 36. Price $3.00

REDUSO, Style 772—for short, large women. Made of durable white coutil and batiste, more construction and hose supporters as Style 770. Sizes 19 to 36. Price $3.00

REDUSO, Style 774—A most desirable corset for tall, large women. Made about one inch longer below the waist line than Style 770, but of a material especially woven to withstand extreme wear and strain. Three pairs hose supporters. Sizes 19 to 36. Price $5.00

REDUSO, Style 775—Another model for tall, large women. This garment is perfection in all essentials of this type of corset. Fabric is the finest self-striped imported coutil, richly trimmed and especially boned to insure extra flexibility and undoubted strength. Sizes 19 to 36. Price $10.00

W. B. NUFORM—The Hip-Subduing Corset

That precise hip fit to your costumes and gowns, the "long figure" effect, is entirely dependent on the correctness of the corset you wear. Wherever the full benefit of a corset is desired, the NUFORM or the ERECT FORM is sure to prove the pride of the wardrobe. These corsets are made in a great variety of shapes, insuring an absolute fit for every type of figure.

NUFORM, Style 465—The average tall woman will find Style 465 remarkably suitable. Made of white coutil and batiste. Hose supporters front and sides. Sizes 18 to 30. Price $1.00. Also made in $1.50, $2.00 and $3.00 qualities.

Ask any dealer anywhere to show you any of the models described here and the many other equally attractive styles.

WEINGARTEN BROS., Makers, 377-379 Broadway, New York

出典：*The Ladies' Home Journal*, September 1908.

Whether
you
are
Slender
or
Stout—
Tall
or
Short,

For
every
form
there's a
Justrite
fit

G-D *Justrite* CORSETS

will give to your
figure the lines de-
manded by the pre-
vailing mode, will
correct figure faults
and give corset
comfort because
the model de-
signed for *your*
figure is correctly
proportioned and
rightly made. They
wear longer, and
retain their shape
better because
made of materials
best for the price.

Send for our compli-
mentary **Cameo** book
of **G-D Justrite Corsets.**

*Ask to see them—
at your Dealer's*

GAGE-DOWNS COMPANY
263 Fifth Avenue
Chicago

C/B A La Spirite Corsets
FASHION'S MASTERPIECE

No woman can have a perfect and stylish figure unless she wears a corset
made especially to conform to fashion's latest demands. Her gown cannot
fit perfectly and show the long, graceful sheath lines which stamp the
fashionable mode, unless her corset outlines correctly the medium high-bust,
straight-waist and long-hip effect so noticeable in the present season's style.

The C/B a la Spirite Corset moulds the form without discomfort to the re-
quirements of the prevailing mode of dress. The woman wearing a C/B
a la Spirite reflects in figure and in the fit of her dress every detail demanded
by the style and fashion of today

出典：*The Ladies' World*, September 1909.

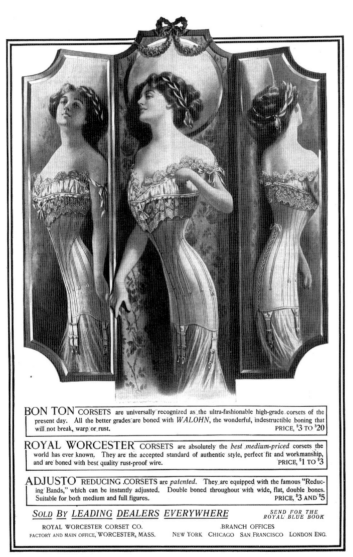

BON TON CORSETS are universally recognized as the ultra-fashionable high-grade corsets of the present day. All the better grades are boned with *WALOHN*, the wonderful, indestructible boning that will not break, warp or rust. PRICE, $3 TO $20

ROYAL WORCESTER CORSETS are absolutely the *best medium-priced* corsets the world has ever known. They are the accepted standard of authentic style, perfect fit and workmanship, and are boned with best quality rust-proof wire. PRICE, $1 TO $3

ADJUSTO REDUCING CORSETS are *patented*. They are equipped with the famous "Reducing Bands," which can be instantly adjusted. Double boned throughout with wide, flat, double bones. Suitable for both medium and full figures. PRICE, $3 AND $5

SOLD BY LEADING DEALERS EVERYWHERE   SEND FOR THE ROYAL BLUE BOOK

ROYAL WORCESTER CORSET CO.   BRANCH OFFICES
FACTORY AND MAIN OFFICE, WORCESTER, MASS.   NEW YORK CHICAGO SAN FRANCISCO LONDON ENG.

出典：*The Ladies' World*, September 1909.

Copyright 1909 Kabo Corset Co.

STOUT figures can be reduced easily and comfortably.

Every woman whose figure is too stout should read our little book "How to reduce your figure." It will be sent free on request.

Following the suggestions in this book and wearing a Kabo Form Reducing Corset will result in an improvement in figure that cannot be secured in any other way.

Kabo Corsets are fully guaranteed; they have no brass eyelets to rust and the steels will not break. Write for catalogue A and the little book.

Kabo Corset Company
Chicago

THOMSON'S "GLOVE-FITTING" CORSETS

UNLESS you have been fitted with one of the latest models of Thomson's "Glove-Fitting" Corsets, you can have no conception of the style, combined with hygienic comfort, to which your figure can be moulded. There is something indescribable about the

New Grand Duchess

Models. They have the very latest figure lines, with very little waist and long close-fitting skirt over the hips. There are models and sizes for every figure. There is one exactly suited to you.

These corsets are called "Glove-Fitting" because they fit as well and feel as comfortable as a fine kid glove

For sale at corset department all stores.

George C. Batcheller & Co.
Fifth Avenue, Cor. 18th St., New York

Your Figure—Does It Reflect Modish Lines?

If not, why not accept the assistance of one of the smart new models of the

LYRA CORSETS

These chic garments, embodying the latest ideas in corsetry, and equal to the French corsets in style, grace and ease, produce the low bust, the long hip and back, the **"slight waist curve"** —all features of Fall fashion.

Model No. 3604 (like illustration)— Very smart model for slender and medium figures. Designed with low bust and extreme length from waist line down in front, side and back. Material, coutil, white. Boned with WALOHN. Sizes, 18-30. Price, $5.00

The perfect form and lasting fit of a corset depend upon the boning of the garment. *Lyra* corsets are boned with *Walohn*, the only reliable boning. It does not rust. It does not break. Strong yet pliable, it moulds the form into lines of grace and ease, and holds the shape of the garment perfectly.

We list only one of the many modish Fall models. We would ask you to have your merchant fit you to just the right model for your individual figure. If *Lyra* corsets are not obtainable in your vicinity, write direct to us. Shall we send our booklet showing a variety of styles?—no charge.

OTHER NEW MODELS $5 TO $15.

American Lady Corset Co.
NEW YORK   DETROIT   CHICAGO

出典：*The Ladies' Home Journal*, October 1909.

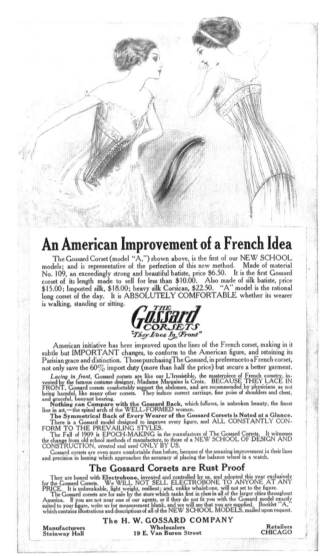

An American Improvement of a French Idea

The Gossard Corset (model "A,") shown above, is the first of our NEW SCHOOL models; and is representative of the perfection of this new method. Made of material No. 109, an exceedingly strong and beautiful batiste, price $6.50. It is the first Gossard corset of its length made to sell for less than $10.00. Also made of silk batiste, price $15.00; Imported silk, $18.00; heavy silk Corsican, $22.50. "A" model is the rational long corset of the day. It is ABSOLUTELY COMFORTABLE whether its wearer is walking, standing or sitting.

Gossard CORSETS
"They Lace In Front"

American initiative has here improved upon the lines of the French corset, making in it subtle but IMPORTANT changes, to conform to the American figure, and retaining its Parisian grace and distinction. Those purchasing The Gossard, in preference to a French corset, not only save the 60% import duty (more than half the price) but secure a better garment.

Lacing in front, Gossard corsets are like our L'Irresistible, the masterpiece of French corsetry, invented by the famous costume designer, Madame Margaine la Croix. BECAUSE THEY LACE IN FRONT, Gossard corsets comfortably support the abdomen, and are recommended by physicians as not being harmful, like many other corsets. They induce correct carriage, fine poise of shoulders and chest, and graceful, buoyant bearing.

Nothing can Compare with the Gossard Back, which follows, in unbroken beauty, the finest line in art,—the spinal arch of the WELL-FORMED woman.

The Symmetrical Back of Every Wearer of the Gossard Corsets is Noted at a Glance. There is a Gossard model designed to improve every figure, and ALL CONSTANTLY CONFORM TO THE PREVAILING STYLES.

The Fall of 1909 is EPOCH-MAKING in the manufacture of The Gossard Corsets. It witnesses the change from old school methods of manufacture, to those of a NEW SCHOOL OF DESIGN AND CONSTRUCTION, created and used ONLY BY US.

Gossard corsets are even more comfortable than before, because of the amazing improvement in their lines and precision in boning which approaches the accuracy of placing the balance wheel in a watch.

The Gossard Corsets are Rust Proof

They are boned with Electrobone, invented and controlled by us, and adopted this year exclusively for the Gossard Corsets. We WILL NOT SELL ELECTROBONE TO ANYONE AT ANY PRICE. It is unbreakable, light weight, resilient; and, unlike whalebone, will not set to the figure.

The Gossard corsets are for sale by the store which ranks first in class in all of the larger cities throughout America. If you are not near one of our agents, or if they do not fit you with the Gossard model exactly suited to your figure, write us for measurement blank, and we will see that you are supplied. Booklet "A," which contains illustrations and descriptions of all of the NEW SCHOOL MODELS, mailed upon request.

The H. W. GOSSARD COMPANY

Manufacturers	Wholesalers	Retailers
Steinway Hall	19 E. Van Buren Street	CHICAGO

出典：*The Ladies' Home Journal*, October 1909.

出典：*Good Housekeeping*, July 1909.

ⒺⒷⒺ DEBEVOISE
BRASSIÈRE

is doubly better than the average-fitting corset cover

The De Bevoise Brassière is made to afford comfort and support, where these are needed most. It is correctly shaped and so boned that it supports the bust firmly, braces the shoulders and gives a comforting support to the back. It prevents all bulging of flesh over the corset, thus ensuring better lines to the gown. Made to close either back or front.

The Re-inforced Arm Hole is an added feature of exceptional merit.

Well dressed women everywhere consider this garment a necessity.

Style 1906 fine batiste, lace trimmed, $1.00 each. Catalog of 30 other styles sent free on request. Sold at all stores where fashionable women shop.

Charles R. DeBevoise Co., 33-A Union Square, New York

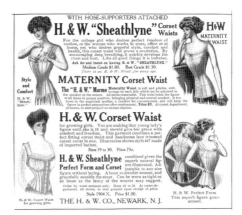

出典：*The Ladies' Home Journal*, October 1909.

W·B Reduso CORSETS

The REDUSO is more than ever to be recognized as the most advanced and improved construction in corseting the well developed woman. The fleshy figure is supported just where support is most required.

The REDUSO Corset achieves the remarkable reduction of from **one** to **five** inches over hips and abdomen without the slightest squeezing or discomfort, and absolutely unaided by **straps** or **harness-like** devices.

The new W. B. NUFORM Corsets with the "sloping bust" and delicately "incurved waist" give a shapely beauty to all average figures. There are many styles, each one adapted to a particular type.

REDUSO, Style 770 (*As pictured*).—A corset well adapted for tall, large figures. Medium high bust, incurving waist and considerable length over hips and abdomen. Made of service giving white batiste or coutil—lace and ribbon trimming. Three pairs hose supporters. Sizes 19 to 36.   **Price, $3.00**

REDUSO, Style 772—A model for short, large figures. Built in all particulars like No. 770, except that it is slightly lower in the bust and under the arms.
Sizes 19 to 36.   **Price, $3.00**

NUFORM, Style 478 (*As pictured*).—A shapely model, medium low bust, unboned apron extension over abdomen, hips and back, assuring perfect comfort to any average figure, great skirt length, "straight line" effect over hips. Of durable coutil, lace trimmed, supporters attached.
Sizes 18 to 30.   **Price, $1.00**

NUFORM, Style 488—For average and well developed figures. New "sloping" low bust, with considerable length over hips, back and abdomen. Unique coat construction over abdomen insuring comfort. Made of excellent coutil, lace trimmed.
Sizes 19 to 30.   **Price, $2.00**

Numerous additional NUFORM models beginning in price at $1.00 and ranging up to $5.00 per pair.

The W. B. **NUFORM**, W. B. **REDUSO** and W. B. **ERECT FORM** Corsets can be obtained **at all dealers**, where you will find variety complete enough to insure the precise style suited to your figure.

WEINGARTEN BROS., Makers
377-379 Broadway   New York

NUFORM No 478 $1.00

Reduso No 770 $3.00

出典：*The Ladies' Home Journal*, October 1909.

The Modish Figure You Can Have It Too

Begin with the corset—not the gown—build the foundation of the low bust, the long hip and back, the altogether slender effect of the present mode—ask for the celebrated

American Lady

CORSETS

"The American Corset"

You have never known the possibilities of your figure until you have worn these perfect garments—the new models are especially smart, nipping in just enough at the waist line to give the "slight waist curve."

American Lady Model No. 308.
(As illustration.)
Very smart model designed for medium figures. Material, coutil, white. Sizes, 18—28. Price, $3.00.
American Lady Model No. 254.
Same design at $2.50.
Same design boned with WALOHN. Price, $5

ASK YOUR MERCHANT to show you these new models. Be fitted to just the right one for your individual figure and prove to yourself in style and comfort. Insist upon the AMERICAN LADY CORSET. No other make will please you so well.

If you cannot obtain AMERICAN LADY CORSETS in your town, write to us (Detroit, Michigan) and we will send you direct from the factory whatever model you may select, express or mail prepaid, upon receipt of the retail price.

Let us send our booklet, showing a variety of styles, no charge. There are listed only two of the many Fall Models.

Other New Models $1 to $5.

American Lady Corset Co

NEW YORK.   DETROIT.   CHICAGO.

出典：*The Ladies' Home Journal*, October 1909.

Style 714   Price $1.00
GROWING GIRLS
10 to 15 years. Soft, plaited bust, long hips, detachable hose supporters.

Ferris
Good Sense **Waists**

allow freedom and grace of movement. Support and protect back, waist, bust, hips and abdomen. Stylish, comfortable, durable. There's a Ferris Waist to fit every figure.

Write for the Ferris Catalogue.

12 Styles for Children, 25c to 50c.
6 Styles for Misses, 50c to $1.00.
6 Styles for Young Women, 75c to $2.00.
50 Styles for Women, $1.00 to $3.50.

Never accept a substitute

THIS LABEL
woven in red

FERRIS GOOD SENSE

is on every genuine

Ferris Waist

For Sale by Leading Dealers

FERRIS BROS. CO.,
341 Broadway, N. Y.

Style 736   Price $1.50
Soft, plaited bust, and with or without pads. Fine coutil.

For every form there's a just-right fit in Justrite CORSETS

It's the figure that charms

G-D
Justrite

CORSETS

gently shape the figure to the lines of its ideal in the mode prevailing.

For comfort, materials the best for the price, prices to meet the pocketbook, and for a girlish figure, wear the G-D Justrite, that is just right for you.

Send for "The Figure and the Corset," our latest Corset Style Book.

GAGE-DOWNS CO.
2706 WABASH AVE., CHICAGO

出典：*The Ladies' World*, March 1911.

第4章 「進歩」の到達点 プリマスからRWCCへ

アメリカの「はじまりの地」としてのプリマス

　本章では1921年に発行されたRW
CCの広報用ブックレット*The Pilgrim
Spirit*を検討することで、アメリカの
建国神話はこの時代にどのように語ら
れていたのかについて考えつつ、アメ
リカ発展の歴史の到達点として自分た
ちの事業をとらえる歴史観について検
討する。まずは、アメリカ人にとって

プリマス・プランテーション

のプリマス植民地、あるいはピルグリム・ファーザーズたちの意味について整
理してみよう。

　21世紀の現在でもピルグリム・ファーザーズたちの足跡は、船中で作成さ
れたとされるメイフラワー誓約の存在と相まって、アメリカの「はじまりの物
語」として今日まで語り継がれている。プリマス近郊の屋外体験型歴史博物館
プリマス・プランテーションでは17世紀の植民地人の素朴な生活が、当時の
様子を「復元」した村のなかで役者たちによって再現されている。ここを訪れ
た人々は400年前のニューイングランドにタイムスリップしたような感覚を覚
えることができ、全米から訪問客を集め続けてきた。

　プリマス植民地がアメリカの記憶の中で重要な位置を占めているのはなぜだ
ろうか。最も重要なのは、ピルグリムたちがピューリタン分離派として英国で
受けた弾圧を逃れ、宗教的自由を求めてやってきたという物語である。すなわ

ち「自由の国アメリカ」という神話の始まりの地として、プリマスは実に都合がいいのだ。また、メイフラワー誓約が社会契約の原型として、アメリカ的民主主義の元となるものと解釈しやすいことも、プリマスを始まりの地と位置付けることを助長する。歴史家の斎藤眞は「歴史的に、アメリカ社会は、元来多元的なものを契約で結んで一つのものに統合するということをしてきた」のであり、「共通の最大公約数的な目的・価値・信条を中に含めて、しかし異質なもの同士が契約を結んで新しい政治団体、植民地を形成していく」というプリマスの物語が、アメリカ人の統合にとっても都合の良い物語であったと指摘する。

　しかし歴史学的に検討するならば、プリマスはアメリカの歴史にとって重要な存在であったのかについては、大いに疑問である。まずプリマスは英国人による北米最初の植民地ではない。1620年のプリマス植民地創設より前に、1580年代には現在のノースカロライナ州にあるロアノーク島に植民が試みられ、さらに1607年には最初の恒久的植民地であるジェイムズタウンへの入植が始まり、ヴァージニア植民地へと発展した。歴史的事実として、プリマスは「アメリカはじまりの地」では無いのだ。ジェイムズタウンでは1619年にアフリカから強制的に連れてこられた人々についての記録が残されている。つまり、ヴァージニアにおけるアメリカの物語は、アメリカの奴隷制のはじまりに直結する。これがはじまりの物語としてプリマスが選ばれる理由の一つである。

　また、プリマスは短命な植民地でもあった。この植民地は1691年に隣接するマサチューセッツ湾植民地に吸収されてしまった。プリマス植民地は最も多い時でも人口は500人程度であったのだが、1630年にピューリタン非分離派によって植民が開始されたマサチューセッツ湾においてはその後10年で人口が2万人にまで増加した。小規模植民地のプリマスはわずか70年ほどで隣の大きい植民地に飲み込まれてしまった、「とるに足りない」植民地であったのだ。

しかしこのことが別の見方もできる。プリマスの消滅から1年後の1692年にはマサチューセッツ湾のセイラム村において悪名高き魔女狩りが勃発した。その後も北米の各英国植民地は様々な問題を抱えながら拡大していった。つまりプリマスは純粋なままで姿を消した植民地とも評価することができる。

　プリマスの神話化について詳細に検討した歴史家であり、『ピルグリム・ファーザーズという神話』（1998年）の著者である大西直樹によれば、「プリマス植民地の営みは歴史的事実よりも「神話」として大きな意味を持っている。」彼が注目するのは、建国期から20世紀にかけてのアメリカのナショナル・アイデンティティや愛国心の高まりのなかでのプリマスの神話化である。彼によれば、アメリカではしばしば「始めに求められる形の愛国心とか、人物像があって、その形成のために恣意的に歴史を使う」ということが起こるのであり、そのために「プリマス植民地の歴史が意図的に利用され」てきたのだ。

　プリマス植民地はその創設以来一貫してアメリカ人に大切にされ続けていたわけでは必ずしも無い。大西は1802年のジョン・クインシー・アダムズによる演説や、200年の記念年である1820年のダニエル・ウェブスターによる演説、あるいは1863年にサラ・ジョセファ・ヘイルやエイブラハム・リンカーンらによって感謝祭が祝日となる経緯を検討しながら、19世紀をかけてプリマスの記憶が国民に記憶されるべきものとなっていった過程を詳細に検討している。また、この章の最後でも述べるが、近年のプリマス植民地にまつわる言説は、歴史学的な知見が取り入れられつつ、政治的な正しさへの配慮などから、脱神話化とでもいうべき変化が起こっているようだ。プリマスから始まる英国人のニューイングランドへの入植がこの地の先住民に対する抑圧の始まりであったことは、忘れてはならない。いずれにせよ、プリマスの物語は19世紀後半から20世紀前半にかけて最も神話化されていた時代と言えるかもしれな

い。そこでこの章ではこの時代におけるプリマスの物語の受容のされ方について、それまでの神話化の過程を概観した後で、RWCCの出版物におけるピルグリムたちの描写に注目して考える。

19世紀の歴史教科書におけるピルグリムの記憶

　まずは19世紀の歴史教科書におけるピルグリムたちのプリマス到達についての記述を検討する。最初に注目するのは、スザンナ・ローソンによって1822年に書かれた*Exercises in History, Chronology and Biography, in Question and Answer, for the Use of Schools*である。この本は彼女のアカデミーの授業で使用することを想定したものであり、記述はクリストファー・コロンブスのアメリカ「発見」から始まるのであるが、プリマス植民地創設についてはほとんど重きを置いていない。英国植民地についての記述はヴァージニアから始まり、メリーランド、ペンシルヴァニア、デラウェア、ニュージャージー、ニューヨーク、そして1633年に創設されたコネチカットに続き、ようやくその後に1620年のプリマスについての話題がでるのである。

　　マサチューセッツは、1620年、聖職者のロビンソン氏とともに、自らの良心に従い英国を離れ、真冬のケープコッドの岩場に上陸した多くの敬虔な人々によって開拓されました。彼らはここで最初の入植を行い、当時は荒れた状態であった土地へと開拓はすぐに広がっていきました。今では連邦で最も耕作が進み、肥沃な州の一つとなっています。(Susanna Rowson, *Exercises in History*, 1822, p. 165.)

ここでの記述にはプリマスという地名もメイフラワー号も登場しない。ロビンソン氏に率いられた敬虔な一団がケープコッドの岸にたどり着いたという記述だけである。その上、17世紀においては別の植民地であったプリマスとマサチューセッツ湾の歴史は区別されてはいない。しかも、史実によればピューリタン分離派の指導者ジョン・ロビンソンはプリマスに到達していない。彼はオランダのライデンに留まり、アメリカに向かう信徒を見送ったのだった。このように記述の分量の点からも、正確さの点からも、アメリカについての歴史記述の中でプリマスの物語が重きを置かれていないのは明らかである。

　次に19世紀アメリカにおいて最も広く用いられた歴史教科書である、チャールズ・グッドリッチによる *The Child's History of the United States* を見てみよう。ここでは1831年版と彼の死後に改訂された1878年版、そして1900年に全く同じタイトルで書かれたチャールズ・モリスによる本を比較する。

　1831年版ではプリマスの物語はヴァージニアとニューヨークの創設の次に登場する。そこではプリマスとマサチューセッツ湾の区別はやはりされてはいないが、2ページにわたりピューリタンのアメリカへの到達が記述されている。

　　1620年、イギリスから別の船がやってきて、人々がマサチューセッツに定住し始めました。この船には、101人が乗っていました。彼らが乗ってきた船の名前はスピードウェル号といいました。

　　この人たちは宗教的な人たちでした。彼らはピューリタンと呼ばれ、この名前は、彼らがイギリスで他の人々がおこなっていたよりも純粋な方法で神を崇拝することを望んだため、つけられたものでした。しかし、彼らは自らの信仰を平和的に実践することが許されなかったので、アメリカに来ることを決意したのでした。(Goodrich, *The Child's History of the*

United States, 1831, p. 19.）

　しかし、ここでの記述は正確さを欠くものだ。特に気になるのが彼らが乗っ
てきた船がメイフラワー号ではなく、スピードウェル号と書かれている点だ。
この船は実際にメイフラワーとともにアメリカを目指した船であるが、故障の
ためにアメリカへ向かうことを断念したものであった。彼らが乗ってきた船の
名前が重要な、覚えて然るべきものとなるのは、「メイフラワー誓約」という
ものがその呼称を含めて定着し、その価値をアメリカ人が幅広く見出した後の
ことなのであろう。

　グッドリッチの死後、A・B・ベラールによって改訂された1878年版ではメ
イフラワー号の名前が明確に記載されている。さらに1831年版と比較して新
たに加わったのが、ピルグリムたちと先住民との交流についての記述である。

　　　ピルグリムたちが来る前の年、疫病で多くの野蛮なインディアンがいな
　　　くなっていました。ピルグリムたちが最初に見た先住民は、「ようこそ、
　　　英国人！ようこそ、英国人！」と歓迎しました。彼の名前はサモセットと
　　　いい、現在のメイン州からやってきて、海岸で漁船の船長から英語を習っ
　　　たのでした。（Goodrich & A. B. Berard, *The Child's History of the United
　　　States*, 1878, p. 24.）

　このように、先住民らによって歓迎されたことが書かれており、サンクスギ
ビングを国民の祝日とすることが議論された後の出版物であることがわかる。
ただし、歴史的事実としては、英語を話せたのはサモセットではなく、彼の連
れてきたスクァントという人物であった。しかも彼が英語を話せたのはヨーロッ

パ船に捕縛され奴隷としてロンドンに連れて行かれたからであった。このように このテキストの著者は先住民に対する暴力や抑圧を隠蔽し、イギリス人と先 住民との友好関係からアメリカの物語を記述しようという意図が読み取れる。

　モリスによる1900年版では、ポカホンタスによるジョン・スミス救出劇を 含む6ページにわたるヴァージニア植民地についての記述の後に、5ページで 構成されるプリマスの物語が始まる。ここではプリマスという地名とともに、 Pilgrimsという単語が用いられていることが、グッドリッチとの相違点である。

　　　この人たちはピルグリムとして知られています。彼らは英国国教会の教
　　　義を信じなかったために、故郷でひどい扱いを受けていました。彼らは、
　　　牢獄に入れられる心配のない、自分たちのやり方で主を崇拝できる場所を
　　　求めて、嵐の海を渡ってきたのです。（ Morris, *The Child's History of the*
　　　United States, 1900, p. 43. ）

　モリスの本ではピルグリム（分離派）によるプリマス創設についての記述の 後に、ピューリタン（非分離派）によるマサチューセッツ湾の創設について書 かれており、例えばロジャー・ウィリアムスの追放とロードアイランド植民 地の創設についても、プリマスの物語とは明確に分けられている。また、プリ マス創設当初の先住民との友好関係について書かれていることに加えて、その 後に彼らと過酷な戦争状態に突入したことまで記述されている。このように、 モリスによる記述は、アメリカの子供が記憶するべきものとしてのプリマスの 物語に多くのページをさいているとともに、そこに歴史としての正確さも確保 しようとする努力が特徴である。

　以上のように、19世紀の歴史教科書におけるプリマスの記述は、時代を経

るごとに正確に、そしてより多くの文字数で記述されるようになったことがわかる。それはプリマスがアメリカ始まりの地として注目されるようになる流れに対応するものであった。

産業化と*The Pilgrim Spirit*

RWCCの広報資料からは、プリマス植民地の建設や独立戦争といったマサチューセッツにおける建国の記憶と自らを関連づける試みが数多くみられる。1921年に出版された*The Pilgrim Spirit*において、RWCCの活動が1620年にメイフラワー号に乗ってプリマスにたどり着いたピルグリムの精神を受け継いだものであることがアピールされている。

The Pilgrim Spirit表紙

　　1620年9月にイギリスのプリマスを出航したときから、「進歩（progressiveness）」と呼ばれるもの、あるいはより現代的な表現として「勇気（pep）」と呼ばれるものが、すべてのピルグリムたちの間で支配的だったことは、歴史が明確に示しています。彼らは「意志あるところに道はある」ということを絶対的に信じていたのです。（*The Pilgrim Spirit*, 1921, p. 2.）

The Pilgrim Spirit挿絵

出典：American
Antiquarian Society.

そして1620年のピルグリム・ファーザーズたちについての詳細な記述が始まるのであるが、彼らの経験がアメリカを特徴づける「進歩」と結び付けられて語られていく。彼らの求めていたものが「信念と希望についての完全なる自由」であることが強調され、困難を恐れない自発的な強い意志こそがピルグリムたちの美徳であったことが指摘されている。そしてこのセクションの結末部分ではピルグリムによる共同体はアメリカ合衆国の原型であったと記される。

> ピルグリムは常に正義と神を畏れる人々であり、常に自由を信じ、求めていました。ピルグリムによる共和国は、コスモポリタンで、寛容で、キリスト教的な、まさにアメリカ合衆国の原型（a true prototype of the United States of America）といえるものでした。(*The Pilgrim Spirit*, p. 6.)

先に検討した19世紀アメリカの歴史教科書においては、プリマス植民地の建設は植民地時代のアメリカ各地のエピソードの一つとして並べられているに過ぎない。しかし、*The Pilgrim Spirit* においてはピルグリムたちはアメリカ合衆国の起源として明確に設定されている。最も、ピルグリムたちがどのようにコスモポリタンで、寛容な性格を帯びていたのかは明記されていない。パンフレットにおいて「インディアンは白人の到来に憤慨した」とは書いてあるのだが、ピルグリムたちがあるいは先住民がどのように寛容であったのかは具体的な記述はない。

また、このブックレットではその次のセクションにおいて、「進歩の流れ（The March of Progress）」と題して、アメリカにおける産業や技術の進歩について紹介されている。

ピルグリムたちから200年の間、アメリカの発展の歴史は最も魅力的であり、誰もが読み、学ぶべきものでした。しかし、1800年以降、特に1830年以降、1900年までの間に、この国での生活に顕著な影響を及ぼした多くの注目すべき出来事や発明がありました。(*The Pilgrim Spirit*, p. 6.)

　1830年とはRWCCの創業者ファニングが生まれた年である。つまりここでは、ファニングの生涯とアメリカの「進歩」が重ね合わされているのである。その次に載っているアメリカの進歩の年表を全て並べてみよう。

1828年	合衆国最初の鉄道、ボルチモア・オハイオ鉄道が開業。
1830年	ロンドン橋が開設。（ファニング氏誕生の3日前） 第五回国勢調査、アメリカの人口は12,866,020人に。
1831年	ガスリー博士がクロロホルムを発見。 ホイズリーが工場を開設。
1835年	セミノール族との戦争。 好景気が全米に及ぶ。
1837年	カナダでの反乱。キャロライン号の炎上。モールスが電信機を発明。 景気低迷。ニューヨークだけで2ヶ月で1億ドル以上が失われる。 一日時計の発明。
1838年	金の指抜きとメガネが最初に作られる。
1839年	グッドイヤーがインドゴムについての最初の特許を取得。 カーペットのための織り機が初めて作られる。
1840年	ジョン・ドレーパーが最初のダゲレオタイプの肖像写真を作る。
1841年	バンカーヒルの記念碑の完成。 イライアス・ハウがミシンを発明。

1842年	ロードアイランドでドアの反乱
1844年	禁酒運動活動家ジョン・ガフが全米規模の演説旅行を開始。
1845年	テキサスの併合。
1846年	米墨戦争の開戦。オレゴン条約の締結。 スミソニアン協会の創設。
1848年	カリフォルニアで金が発見される。 フランス二月革命。
1852年	ペリー提督による日本開国。 ダニエル・ウェブスターとヘンリー・クレイが死去。
1857年	全米規模での商業不振。
1858年	最初の大西洋横断電信ケーブルが敷設。
1859年	最初の油田が開設。 ジョン・ブラウンによるパーパーズ・フェリーの襲撃。 ブロンダンがナイアガラ渓谷を綱で渡る。
1861年	エイブラハム・リンカーンが大統領就任。 南北戦争の開戦。
1865年	奴隷制を廃止する合衆国憲法修正第13条が通過。 リンカーンの暗殺。
1867年	ダイナマイトの発明。 アラスカの購入。
1869年	ウェスティングハウスによる空気ブレーキの発明。 U. S. グラントが大統領に就任。
1871年	シカゴの大火。 議会がイエローストーンの国立公園としての保護を決定。
1873年	商業危機。
1875年	ロウが液化ガスを発見。
1876年	フィラデルフィア万国博覧会。アレクサンダー・ベルが電話を発明。

1877年	ドイツのオットによるガスエンジンの発明。 鉄道大ストライキ。
1878年	電気照明の完成。ショールズによるタイプライターの発明。 エジソンによる蓄音器の発明。
1880年	白熱電球の発明。
1881年	ジェームズ・ガーフィールドが大統領に就任。
1882年	コッホが結核菌を発見。 中国からの移民を10年間停止。
1883年	ペンドルトン法。 郵便料金が2セントに減額。
1884年	最初のトローリー車。
1885年	グローバー・クリーブランドが大統領に。 マーゲンターラーによるライノタイプの発明。 パターソンによるキャッシュ・レジスターの発明
1886年	ニューヨークにおいて自由の女神が公開。
1888年	イーストマンによる写真機の開発。
1893年	エジソンによる映写機の発明。シカゴ万国博覧会。
1898年	米西戦争。
1899年	最初の自動車の開発。
1900年	マルコーニによる無線電信の発明。

　一見無秩序な年表であるが、アメリカの国としての着実な歩みと、人々の創意工夫によってもたらされるアメリカの技術革新の延長線上に、ファニングの経歴とRWCCの高度なコルセット製造技術を位置付ける記述が特徴的である。また、クリノリンやバッスルといった、19世紀半ばから20世紀転換期までの女性のファッションがイラスト付きで解説され、服飾文化の「進歩」が強調さ

れつつ、それらのファッションに不可欠なアイテムとしてのコルセットを生産し続けるRWCCの意義について強調されている。このように、20世紀転換期は「進歩」の時代であり、*The Pilgrim Spirit* においてもそのような世界観のなかでアメリカの歴史も進歩の歴史として組み替えられて記述されている。そしてそれは「アメリカの起源」としてのプリマスの重視へと繋がっていった。

　以上のようにプリマスの物語は19世紀を通してアメリカ人が記憶するべきものとして扱われるようになった。19世紀前半にはヴァージニアやニューヨークといった大西洋岸各地の植民地の創設と並列される形で小さな逸話として言及されるに過ぎなかったプリマスについての著述は、より正確により詳細なものへと変化していった。自由を求めてアメリカにたどり着いた人々、合衆国憲法のプロトタイプとしてのメイフラワー誓約、先住民との関係を通して明らかになる多様性や寛容といった側面などをアメリカの起源として見出していく流れがそこからは見て取れる。このようなピルグリムたちへのまなざしは、20世紀に入る頃には工業化とアメリカ化のなかではっきりと定着することになった。RWCCのパンフレットにおけるピルグリムたちについての記述は、アメリカの始まりとしてのプリマス植民地と、進歩の歴史における現時点での到達点としてのRWCCの繁栄が明確に繋げられて語られたものであった。また、RWCCの創業者であるファニングの若い頃からの勤勉さが強調されていることにも注目したい。製造業における勤勉さとピューリタンの信仰との結びつきはマックス・ウェーバーが『プロテスタンティズムの倫理と資本主義の精神』において展開した議論をも想起させる。ウェーバーによるプロテスタンティズム由来の勤勉さへの注目は、ニューイングランドの植民地における「ピューリタンの中流階級的な考え方」をアメリカの重要なルーツとして認識させた。南北戦争を経てアメリカが世界屈指の経済大国となった20世紀転換期に、その

ような自国のルーツとしてアメリカ人がプリマスに注目するのは自然なことだったのではないだろうか。

　本章では19世紀から20世紀初頭にかけての歴史叙述を検討してきたが、これからのアメリカにおいてプリマスの記憶がどのように語られるのかも注目するべきである。プリマス創設400周年においても、ヨーロッパ中心的な語りを乗り越えようという試みがされるようになってきた。体験型歴史博物館プリマス・プランテーションも、2020年7月にプリマス・パトゥケット・ミュージアムに名前を変え、パトゥケットを始めとする先住民展示により力を注ぐようになった。現在のアメリカの歴史教科書を見ると、プリマスについての記述は最小限のものとなり、その代わりに北米大陸内の各植民地の多様性、ヨーロッパ人と先住民との関わり、黒人奴隷制の確立などに文字数を割いている。多様性の国アメリカが、その建国の物語としてピルグリムたちをどのように語っていくのか、これからも見ていく必要がある。

コラム3 　医学の「進歩」

OF CORSET IS.

```
        * This
         is the
        shape of
    a woman's waist
  on which a corset tight
 is laced.  The ribs deform-
 ed by being squeezed press
   on the lungs till they're
      diseased.  The heart
          is jammed and
          cannot jump.
         The liver
            is a
           tor-
          pid lump.
       The stomach
     crushed cannot
 digest and in a mess
 are all compressed.  There-
 fore this silly woman grows to
 be a fearful mass of woes.  But
 thinks she has a lovely shape tho'
 hideous  as  a  crippled  ape.
```

```
        * This
      is a woman's
      natural waist
   which corsets never yet
   disgraced.     Inside it is
   a mine of health.    Outside
   of charms it has a wealth.
   It is a thing of beauty true
    and a sweet joy forever
     new.  It needs no art-
      ful padding  vile
       or bustles big
       to give it "style."
     It's strong and solid,
    plump  and  sound  and
    hard to get one arm around.
   Alas! if women only knew the
    mischief that these corsets
    do, They,d let Dame Na-
    ture have her way and never
     try her "waste" to "stay."
               —Goodall's Daily Sun.
```

　左の詩は1885年にウースターで流通して
いた新聞に載った記事から抜粋したものであ
り、他にも80年代から90年代に全米各地で
ほぼ同じ内容の詩が掲載されてきた。(例え
ば1893年4月1日にはアイダホ州シルバーシ
ティの新聞にも載っている。)コルセットに
よって圧迫された女性のウエストは肋骨は締
め上げられ変形し、肺を圧迫する。そしてそ
れは心臓や肝臓にまで悪影響を及ぼす。この
ようなコルセットに執着する「愚かな」女性
は「苦痛の恐るべき集合体」へと成長すると
詩には記されている。一方で、コルセットで
締め付けられることのない元来の豊かなウエ
ストを持つ女性は、健康であり美や魅力に満
ち溢れている。ここで強調されているのは
「自然」であることが美しいという価値観だ。
　19世紀末は医学が「進歩」した時代であ
り、人々がそのような医学的「知見」に左右

出典：American Antiquarian Society.

された時代でもあった。コルセットへの批判のなかでも当時最も説得力のあったものが、コルセットによって胴体をきつく締め付ける行為（タイト・レイシング）は身体に深刻な悪影響を及ぼすというものであった。コルセット反対派は例えば解剖図などを用いて、この装置がいかに肺や心臓や肝臓を圧迫するのかを強調した。こうした医学的「知見」はその時代には強い説得力

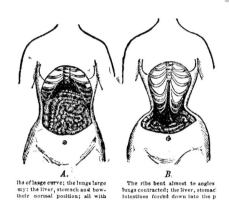

A.
lbs of large curve; the lungs large
my; the liver, stomach and bow-
their normal position; all with
nt room.

B.
The ribs bent almost to angles
lungs contracted; the liver, stomac
intestines forced down into the p
crowding the womb seriously.

Nature versus Corsets, Illustrated.

出典：アメリカ議会図書館
（Library of Congress）。

を持つものであった。タイト・レイシングによって死亡した女性についての記事まで出たりした。19世紀末は英米において社会進化論や優生学が幅広く受け入れられた時代でもあり、優良な種を保存し次の世代に受け継ぐための女性の身体は社会の関心事となっていた。そしてタイト・レイシングと障がいを持つ子どもや流産との関連が指摘されるようになった。優良種の保存のような考え方をする人々にとって、コルセットによってあえて内臓を圧迫し健康を損なわせる行為は「人種の自殺」にも見えたのだ。

　イギリスでは1881年に合理服協会（Rational Dress Society）が設立され、「身体のいかなる部分も圧迫しない」衣服の必要性が説かれた。アメリカにおいても同時期に婦人クラブなどを中心に健康的・衛生的な服が模索されていた。

　この時期のコルセット批判について、古賀玲子は『コルセットの文化史』において2点の重要な指摘をしている。

　一つはコルセットを着用していた女性たち自身の声に目を向けるべきという

ことだ。当時の女性たちは必ずしも嫌々コルセットを着用していたわけではなく、コルセットは女性に害を及ぼすという主張に苛立ったりもしていた。古賀はコルセットを「男性中心社会における女性抑圧の象徴」と認識する長きにわたる考え方に対して、「女性自身が自分の魅力を強調しようとする積極的な自己演出」や「女性の身体的な意識の解放の現れ」という側面にも目を向けるべきと主張する。

　二つ目は、タイト・レイシングは当時の医学が批判していたほど身体に危険なものであったのかという点だ。古賀はコルセットの身体に与える影響についての近年の医学的な研究成果をまとめている。それによれば、よほどの行き過ぎたタイト・レイシングでもない限り、当時の医学が警告したような健康被害はコルセットからはもたらされないというのが、現代の医学の認識であるようだ。

　優生学に代表されるように、20世紀転換期の医学の「進歩」は必ずしも科学的成果の終着点ではなく、当時のジェンダーや人種にまつわる支配／被支配関係を保存するための装置としての側面に目を向ける必要がある。コルセットにまつわる言説も、そのような当時のジェンダー関係の力学のなかに位置付ける必要があるのだろう。

WORCESTER, MASS. ROYAL WORCESTER CORSET CO'S BUILDING.　　　　A. P. Lundborg, Worcester, Mass

出典：American Antiquarian Society.

第5章　アメリカ化のなかの女性労働者

第一次世界大戦と女性

　1914年6月、オーストリア＝ハンガリー帝国皇太子のフランツ・フェルディナントが暗殺されるというサラエボ事件を契機に、ヨーロッパ各国の軍部は総動員を発令した。各国政府および君主は開戦を避けるため力を尽くしたが、戦争計画の連鎖的発動を止めることができず、瞬く間に7月には世界大戦へと発展した。各国はドイツ・オーストリア・オスマン帝国・ブルガリア王国の同盟国と、三国協商を形成していたイギリス・フランス・ロシアを中心とする連合国の2つの陣営に分かれ、その後日本も含めた世界各国がこの大戦に参戦した。

　ヨーロッパで第一次世界大戦が勃発した当初のウッドロー・ウィルソンの基本政策は、厳正に公正中立というものであった。しかしイギリスの客船ルシタニア号がドイツの潜水艦によって撃沈され、ドイツが無制限潜水艦作戦の開始を宣言するとアメリカの世論は参戦へと傾いていった。また二月革命により帝政ロシアが崩壊するなど、情勢は大きく変化していった。ウィルソンは1917年4月2日、議会で宣戦教書を読み上げた。彼によればこれは究極的世界平和のための参戦、諸国の人民の解放と民族自決のための参戦、そしてなにより「世界を民主主義にとって

ルシタニア号の沈没を伝える新聞
出典：Pauline Maier et al. eds, *Inventing America: A History of the United States* (New York: Norton, 2003) 719.

安全な場所にするための」参戦であった。議会での賛否は、上院で82対6、下院で375対50であった。議会は1917年5月、選抜徴兵法を成立させ、一定年齢のすべての男性に登録を義務づけた。480万人が軍隊に入り、そのうち200万人がフランスで戦った。参戦後の戦費は320億ドルに達したが、その約三分の一は租税で、残りは自由国債と呼ばれた債券などでまかなわれた。この戦争は、アメリカが初めて総動員体制をしいた、いわば全体戦争であった。戦時産業局（WIB）は軍需生産への転換と生産の能率化を進めた。

　戦時体制下では労働者の権利も強化された。また黒人や女性もこれまで得られなかった職の獲得に成功した。ヨーロッパでの開戦後、アメリカへの移民は減少・中断するなかで、労働力の需要は増していった。例えば女性労働者は戦時中に1000万人以上に達し、重工業で働く工場労働者も増えていった。戦前の仕事よりも高い賃金を得た彼女らの存在は、消費者としてもより重要な存在となっていった。

　女性史の観点から見ると、この戦争への

出典：アメリカ議会図書館（Library of Congress）。

女性たちによる積極的な協力が、1920年の女性参政権を規定する憲法修正第19条の成立につながったことも重要である。全国アメリカ婦人参政権協会をはじめとする女性団体は、戦時中に戦時国債であるリバティ・ローンの購入を呼びかけるパレードをおこなったり、肉、砂糖、小麦といった生活必需品の節約を呼びかけたりした。しかし戦争の残虐性と非合理制が徐々に明らかになり、それまで改革者を支配していた進歩や合理性への信頼が打ち砕かれ、不寛容が顕著になり始めた。戦時中も戦闘的な参政権運動を止めなかったアリス・ポールら全国女性党の党員たちの多くが連邦刑務所に収監された。女性の参政権を求める根

出典：Pauline Maier et al. eds, *Inventing America: A History of the United States* (New York: Norton, 2003) 605.

拠としての平等／差異のせめぎ合いや、国家と個人との関係の見直しなど、この大戦はジェンダー秩序が再編成される大きなきっかけとなった。

　新しくやってきた移民たちのアメリカ社会への同化を促す「アメリカ化」運動については第一章において論じたが、この大戦は「アメリカ化」の機運が戦前よりもさらに高まった時代であった。特に戦中はドイツ系やイタリア系など「敵国」に忠誠心を持っているのではないかと疑われた人々に向けられた。アメリカ生まれの女性たちは「アメリカ化」にも深く関わり、移民の女性に英語、家庭経営、保健を教えるとともに、戦時の食物節約の方法についても指導をおこなった。

大戦期のRWCC

　第一次世界大戦によってさらに押し進められたアメリカ化の流れはウースターにも及ぶことになる。早くも参戦前の1915年に、ニューヨークの移民局の要請を受けてウースター市は7月4日を「アメリカ化の日（Americanization Day）」と設定した。その式典において前市長のジェームズ・ローガンは、アメリカに対し不平不満を言ったり旧大陸の敵意を植え付けようとする輩を見つけたら「三等客室のチケットを買い与えて祖国に送り返せ」と聴衆に演説した。その翌年の式典では八千人の、さらにアメリカ参戦後の1917年の式典には1万人の市民が参加し愛国的なパレードをおこなった。それは大戦前のパレードが持っていた移民集団が自らの祖国をアピールするような性格が、ほとんど取り払われたものだった。式典では「労使の協調」が謳われたが、その内実は労働運動の後退と雇用者の力の増大であった。

　RWCCは材料である鉄の確保と度々起こる鉄道輸送の差し止めなどに苦しみながらも、戦時でも生産を続けていた。第二章で検討したように、ウースターのコルセット工場で働く労働者は、移民第二世代の若い独身女性が中心であった。広報資料においては彼女らの充実した生活ぶりをアピールすることが多かったRWCCだが、同時に移民もしくは移民の娘である彼女らが「アメリカ人」であることを強調する描写が数多く見受けられる。これまで見てきたように、20世紀初頭の革新主義から第一次世界大戦の時代は、移民やその子どもをアメリカ人にしていくという「アメリカ化」が、大きな社会的関心となった時代であった。RWCCの最盛期は、女性労働者のアメリカ化に積極的に取り組むことが求められた時代でもあった。

　例えば1918年に、第一次世界大戦のための戦争債であるリバティ・ローン

がウースターにおいて募集額を上回ったことを記念する式典において、RWCCの女性労働者が『星条旗』『コロンビア、大洋の宝』といった様々な愛国歌を歌った記録が残されている。曲の合間に、彼女らは以下のような呼びかけをおこなった。

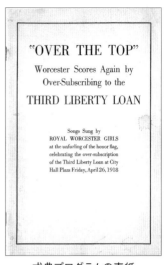

"OVER THE TOP"

Worcester Scores Again by
Over-Subscribing to the

THIRD LIBERTY LOAN

Songs Sung by
ROYAL WORCESTER GIRLS
at the unfurling of the honor flag,
celebrating the over-subscription
of the Third Liberty Loan at City
Hall Plaza Friday, April 26, 1918

式典プログラムの表紙

Only an answer from Home, Sweet Home, to someone o'er the sea,

Telling a boy to keep right on, fighting for Liberty,

There's a mother who's proud of her son,

And she'll wait till the fight is won.

温かい家庭から海の向こうにいる人への呼びかけ

正しい道を進むよう、自由のために戦うよう、彼らへ語りかける

息子のことを誇りに思う母親がここにいる

そして彼女は戦いに勝つまで待ち続けるだろう

（*Over the Top: Worcester Score Again by Over-subscribing to the Third Liberty Loan*, April 26, 1918, p. 2.）

前章において、ピルグリムたちの記憶がこの時代のRWCCの成果と結び付けられていることを検討したが、この式典においてもプリマスやピルグリムたちへの言及は繰り返しされている。それに加え、独立戦争を讃える曲がいくつも歌われ「自由のための戦い」としてこの大戦と関連づけられていることも特徴である。以下の歌はその典型である。

Just like Washington crossed the Delaware

So will Pershing cross the Rhine

As they followed after George

At dear old Valley Forge

Our boys will break that line.

It's for your land and my land

And the sake of Auld Lang Syne,

Just like Washington crossed the Delaware

General Pershing will cross the Rhine

ワシントンがデラウェア川を横断したように

パーシングもライン川を渡る

兵士たちがあの愛するバレーフォージにおいて

ジョージの後を追ったように

我が国の兵士たちはたちはその防衛線を破るだろう

それはあなたの土地のため私の土地のため

そしてオールド・ラング・ザインのために。

ワシントンがデラウェアを横断したように

パーシング将軍はライン川を渡る
(*Over the Top*, p. 6.)

　このように、独立戦争時に大陸軍の再訓練の場であったバレーフォージや、第一次大戦期にイギリス軍が塹壕で歌ったオールド・ラング・ザインに言及することによって、独立戦争でのワシントン将軍の尽力が、この大戦におけるアメリカ陸軍のヨーロッパ派遣軍総司令パーシングと重ね合わされている。アメリカの建国神話と現在との連続性がこの呼びかけで再確認されるのだ。

　他にも母が歌われる曲、自由が讃えられる曲を見てみよう。

It's a long, long way to the U. S. A.

And the girl I left behind

And if you get back some day

Give my love to her and say,

That her boy was true, tell dear Mother too,

Just to always treat her kind.

It's a long, long way to the U. S. A.

And the girl I left behind.

アメリカまでの長い長い道のり

そして私が残してきた女の子

いつか君が帰ったら

彼女に私の愛を伝えておくれ

あなたの男の子は正しかったと言っておくれ

親愛なる母にも伝えておくれ
いつでもあの娘に優しくしてあげてと
アメリカまでの長い長い道のり
そして、私が残してきた女の子
(*Over the Top*, p. 8.)

L –stands for love of our country
I –for Independence too
B –for the Brave men who fought for us
E –the Emblem, dear red, white and blue.
R –for the Right that we fight for
T –True Americans we'll be
Y –is for You and for Your duty too
That stands for Liberty.

L　我が国への愛（Love）のために立ち上がる
I　独立（Independence）のためにも立ち上がる
B　私たちのために戦ってくれた勇敢な（Brave）男たちのためにも
E　赤白青のあの記章（Emblem）のためにも
R　権利（Right）のために戦う
T　真の（True）アメリカ人となるために
Y　それはあなた（You）のためであり、あなたの責務のためである
自由のために立ち上がる
(*Over the Top*, p. 9.)

戦争債のキャンペーンへの協力などを通して、RWCCの女性労働者たちが第一次世界大戦に「動員」されていたことが、この式典資料からわかる。また、彼女らが賃金労働者として働きながらも「母」のような家庭性が強調され，伝統的なジェンダー秩序の温存が試みられていたことも、これらの資料からは読み取ることが可能である。移民もしくは移民の娘によって構成された労働者を抱えるRWCCにとって、彼女らを動員しアメリカ化していくことは、重要な意味を持っていた。

　以上のように、移民もしくは移民の娘を労働者として数多く雇用していたRWCCは、革新主義から第一次世界大戦に続く「アメリカ化」の流れの中で、自らのアメリカ性を強調していくことになった。そしてそれは女性労働者を伝統的なジェンダー秩序の中にとどめておこうとする試みにも繋がっていく。そのようなアメリカ化やジェンダー秩序の維持が求められていくなかで、女性労働者自身がそのような流れにどのように向き合っていたのかを明らかにすることが、本研究の今後の課題である。

1915年頃の広告　出典：American Antiquarian Society.

コラム4 　渡米実業団とRWCC

RWCCにおける女性労働者のアメリカ化が試みられた時代は、自社製品を日本を含む世界各地へ輸出しようと試みた時期と重なる。1921年に発行されたRWCCの広報資料によると、世界の90の国と地域に自社製品を輸出しており，その中には日本も含まれていた。

RWCCと日本との出会いは、国際博覧会への出品を除けば、1909年に渡米実業団がウースターに立ち寄り、その中の一部がRWCCの工場を視察ことが始まりであろう。当時69歳となっていた渋沢栄一を団長として財界人ら約51人で構成さ

出典：*Good Housekeeping*, May 1903.

れた渡米実業団は1909年8月19日にミネソタ号に乗船し横浜を発った。渡米実業団は9月1日に到着したシアトルを皮切りに、ミネアポリスやシカゴ、クリーブランドを視察しながら10月12日にニューヨークにたどり着き、ニューイングランドをまわった後にフィラデルフィア、ワシントンD.C.、セントルイス、デンバーなどに寄りながら、11月30日にサンフランシスコを発って12月17日に横浜に帰港した。渡米実業団の一部がウースターに立ち寄ったのは10月26日のことであった。（ちなみに、渡米実業団がウースター駅に到着した直

後に、彼らは伊藤博文の暗殺を知ることになる。）その日の記録を『渋沢栄一傳記資料』から見てみよう。

10月26日（火）晴

　午前8時ウスター市に着、一同市役所を訪ひ行政部屋に於いて市長代理ロガム氏の歓迎を受け、左の5隊に分れて各工場を視察す

　第1隊下水清浄所・農園・癲狂院。第2隊、クラーク大学・ウースター工科大学・ウースター中学。第3隊、ウースター工科大学・封筒製造所・金剛砂石製造所・磨器械製造所。第4隊、針金製造所・諸農具製造会社。第5隊、紡績会社・コルセット会社・絨純製造会社。

　12時半特別列車に帰着、直ちにスプリングフィールドに向かふ。（『渋沢栄一傳記資料　第32巻』、1960年、252-253頁、下線は筆者による。）

わずか半日の短い滞在の中で、分隊がコルセット工場に視察に訪れていたことが記録されている。そして、このコルセット工場こそがRWCCであった。

当時のウスターの雑誌にこの日本の「使節団」のRWCCの工場への視察が取り上げられている（"The Japanese Pilgrimage to Worcester-America's Industrial Mecca," *The Worcester Magazine*, November 1909）。その記事ではコルセットを「現代

渡米実業団のRWCC訪問を
伝える記事
出典：*The Worcester*
Magazine, November 1909

文明の証し」と位置づけ、日本の実業家たちが初めて見るコルセットに戸惑う様を、アメリカ人が東アジアの女性の纏足を初めて見たときの反応を想起させるものと表現している。また、RWCCの女性労働者への人道的な扱いが日本人に強い印象を残したことであろうと記事には記されている。ここからは、高い技術力によって裏付けられた「文明」は、アメリカ的ジェンダー秩序とあわせて海外に広がるべきものという認識を読み取ることができる。

　今後の研究の可能性として、RWCCから日本へのコルセットの輸入記録などを通して、アメリカのジェンダー秩序や服飾文化が日本の社会や女性に対して与えた影響を明らかにすることが期待できるのではないだろうか。

おわりに

　1920年代に入ると、よりストレートなシルエットが流行したことなどにより、コルセットの着用を想定しないファッションが主流となってくる。それはRWCCの斜陽の始まりでもあった。RWCCはコルセットだけでなくガードルなどの新しい製品の生産にも関わることになるが、それはRWCCがかつての栄光を取り戻すことには繋がらなかった。

　1927年のRWCCのカタログを見ると、この会社が扱う商品の変化がよくわかる。ガードルや上下で分かれた下着がカタログの中心となり、それらのアイテムはウエストを絞るためのものではすでになく、ヒップより下を締めることによってストレートな体のラインを実現するためのものが中心となっていた。特に際立つのが大戦前のコルセットと比べてのその価格の安さである。1910年のカタログ販売におけるRWCCのコルセットの販売価格は＄2.79前後がほとんどであった。それに対して1927年のカタログにおいては、多くのガードルや上下の下着は$1.50から＄3.00前後で販売されている。1910年と1927年の消費者物価指数を比べると、28.0から52.0へとはっきりと上昇しているにもかかわらずである。従来の製造・販売のあり方では、RWCCの経営が持たなくなっていることがうかがい知れる。この時期のRWCCの苦境を示す資料として、1926年のウースターの証券取引業者による資料が存在する。それによるとこの年までの3年間、RWCCは株式の配当金を出すことができないほど経済的に苦しい状態に置かれていた。同資料では本書冒頭で紹介した巨大な工場こそがRWCC最大の（そして最後の拠り所となる）資産であり、全生産の60%がコルセット以外のものとなっている状況への懸念が記されていた。先の1927年のカタログにおいて、「新しいRWCC」「再建」といった言葉が冒頭に書か

れており、1920年代後半に、経営破綻を経験したようである。

1930年代に入ると女性のスタイルは全体にスカート丈が長くなり、ウエスト・ラインは20年代に比べて上がっていく。細いシルエットが依然として基本となるが、肩の装飾の強調など、人々の女性の身体への関心がウエストからより広範な箇所へと分散していった。また、衣類において機能性がさらに重視されるようになり、ラステックス（ゴムの芯に綿やレーヨン製の糸を巻き付けた伸縮性のある編み糸）のような新たな素材の導入により、下着はその伸縮性によって身体へのフィットが果たされるようになる。

RWCCは第二次世界大戦後に閉鎖されるまで大量のアンダーウェアを製造し続けた。第二次世界大戦はアメリカにおける女性用下着の変化を決定づける決定的な契機となった。この戦争では先の大戦を遥かに上回る数の女性が軍需工場で働いた。板橋晶子が第二次世界大戦期アメリカの下着広告についての詳細な研究をおこなっているが、それによれば総動員体制下においても、補正下着の製造の必要性はメーカーによって主張されていた。その根拠は以下の三点であったという。身体補助、肉体的疲労や負担の軽減、そして外見の向上による女性の士気高揚である。つまり明確に女性の「働く身体」を補正する目的が示されていたのだ。さらに、アメリカの勝利に積極的に貢献しながらも、か弱く細く魅力的な女性像も担保しておくという一見矛盾する機能も下着に課せられていた。いずれにせよ、RWCCは第二次世界大戦前後の下着生産の変化について行くことはできず、その役割を終えた。

RWCCはコルセットがアメリカの女性に幅広く着用されるようになった時代に、その中心となったメーカーであった。20世紀転換期にはウースターに大量に流入した移民の娘たちの受け皿となり、彼女らのアメリカ化をも促していった。それはコルセットの大衆化や、よりゆったりとしたアンダーウェアへ

の移行という、従来のジェンダーや階級の秩序が変化していく状況とも呼応するものだった。RWCCについて検討することは、ジェンダー秩序の変化、移民の流入と都市の拡大、大衆消費社会の進展、近代における身体への意識、アメリカ化運動の展開など、様々な可能性を秘めている。

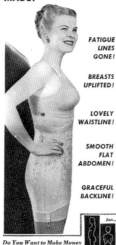

スペンサー社による補正下着の広告
出典：*Woman's Day*, January 1948.

後記

　RWCCとの出会いは全くの偶然でした。

　2013年9月、建国期の女子教育について調査するためにウースターのアメリカ古書協会に長期滞在していた私は、空いた時間にその隣にあったウースター工科大学の図書館に立ち寄り、その収蔵コレクションを色々と見せてもらいました。そのコレクションの一つに、RWCCについてのファイルを見つけ、その予想外の面白さに釘付けになったことを今でも思い出します。アメリカ古書協会に帰りそちらのカタログも調べてみたら、工科大学の図書館をはるかに上回るRWCCの出版物が見つかったことにさらに驚きました。その滞在時に、ボストンの古書店で1900年ごろの女性向け雑誌がタダ同然の値段で大量に売られているのを見つけ、20世紀転換期の服飾文化について扱うのは使命か何かではないかと勝手に感じたりもしました。自分の専門である18世紀末からはあまりに離れていることに躊躇はしたのですが。

　そのすぐ後、ジェンダー史学会の招きでジェンダー研究の巨人であるシンシア・エンローさんが来日し、当時の私の勤務先である一橋大学で講演をすることになりました。私は空港に到着したエンローさんをお迎えする役を仰せつかり、滞在中何かとお話しする機会を持つことができました。エンローさんは私みたいな駆け出しの研究者の話にも目を輝かせて興味を持ってくださり、ウースターから持ち帰った史料をお見せしたところ、「これは実に面白いテーマだ！ぜひ進めなさい」と背中を押してくださいました。彼女の勧めがなければ、本書に掲載された史料は研究室の棚の奥に眠ったままだったでしょう。

　ウースターのクラーク大学に籍のあったエンローさんは同大学のいろいろな歴史研究者を紹介してくださいました。その中でも特にジャネット・グリーン

ウッドさんにはお世話になりました。彼女にはさらなる史料収集のための的確なアドバイスをいただき、RWCCの工場跡にも連れていってくださいました。2015年には鶴見大学の招きで来日し、私のゼミの学生のたどたどしい研究関心を親身に聞いてくださっていたのは本当に印象的でした。

　今このように思い返しても、研究は人と人との縁であることを痛感します。私はどのように恩返しができるだろうか。考えてみても途方に暮れます。

　本書は本学の紀要に書いた研究ノート「ロイヤル・ウースター・コルセット・カンパニーからみる20世紀転換期のジェンダー秩序」（『鶴見大学紀要　第2部外国語・外国文学編』第58号、2021年）を出発点にした、現在までの成果です。また、第4章については論文 "A True Prototype of the United States of America—Cosmopolitan, Tolerant, Christian?": Changing Memories about the Pilgrims from the 19th Century to the Turn of the 20th Century"（『鶴見大学紀要　第2部外国語・外国文学編』第59号、2022年）のうち、RWCCに関する箇所を中心にまとめたものです。

　本書をお読みになれば明らかなように、RWCCについての、あるいはコルセットを中心として考える20世紀転換期のアメリカという研究テーマは、今まさに手をつけたところです。本書は大学の教室で学生と一緒にこのテーマについてあれこれと議論しながら、研究の方向性を定めて行くことを密かな目的としていることを、ここに白状しておきます。いたらない箇所も多くあるでしょうが、ご指摘、お叱りをなにとぞよろしくお願いいたします。

　原稿を丁寧に読み的確なアドバイスをくださった坂本凪沙さんにお礼申しあげます。また、冨岡悦子所長をはじめ、鶴見大学比較文化研究所所員の皆様に、本書を執筆する機会を与えてくださったことを心より感謝いたします。

参考資料

The Jeffrey Cote Collection, Worcester Polytechnic Institute.

Royal Worcester Corset Company Scrap Book, American Antiquarian Society.

The Royal Worcester Corset Company Collection, Worcester Historical Society.

Social Museum Collection: Royal Worcester Corset, Harvard Art Museums.

Occupations at the Twelfth Census, Washington: Government Printing Office, 1904.

『渋沢栄一傳記資料』渋沢栄一伝記資料刊行会

アメリカ合衆国商務省、斎藤眞、鳥居泰彦監訳『アメリカ歴史統計 第Ⅰ巻』原書房、1986年。

Everywoman's Magazine.

Good Housekeeping.

The Independent.

The Ladies' Home Journal.

The Ladies' World.

Telegram & Gazette.

Woman's Day.

The Worcester Magazine.

Cinderella. Picture Book, Chicago: Chicago Corset Company, 1884.

Karen Bowman, *Corsets & Codpieces: A History of Outrageous Fashion, from Roman Times to the Modern Era*, New York: Skyhorse Publishing, 2016.

Susan Porter Benson, *Counter Cultures: Saleswomen, Managers, and Customers in American Department Stores 1890-1940*, Urbana: University of Illinois Press, 1986.

Kathleen Drowne and Patrick Huber, *The 1920s*, Westport: Greenwood Press, 2004.

Ellen Carol DuBois and Lynn Dumenil, *Through Women's Eyes: An American History with Documents*. Boston: Bedford / St. Martin's, 2005. 石井紀子他訳『女性の目からみたアメリカ史』明石書店、2009年。

Nan Enstad, *Ladies of Labor, Girls of Adventure: Working Women, Popular Culture, and Labor Politics at the Turn of the Twentieth Century*, New York: Columbia University Press, 1999.

Marnie Fogg, ed., *Fashion: The Whole Story*, New York, Prestel, 2013.

Béatrice Fontanel, *Support and Seduction: A History of Corsets and Bras*, New York: Abradale Press, 1997.

Charles A. Goodrich, *The Child's History of the United States, Designed as a First Book of History for Schools, Illustrated by Numerous Anecdotes*, Boston: Carter, Hendee, and Babcock, 1831.

Charles A. Goodrich, *The Child's History of the United States, Revised by A. B. Berard*, Philadelphia:

Cowperthwait & Co., 1878.

Janette Thomas Greenwood, *First Fruits of Freedom: The Migration of Former Slaves and Their Search for Equality in Worcester, Massachusetts, 1862-1900*, Chapel Hill: The University of North Carolina Press, 2009.

William O. Hultgren, et al., *Worcester 1880-1920*, Charleston: Arcadia Publishing, 2003.

Velda Lauder, Corsets: *A Modern Guide*, New York: Chartwell Books, 2010.

Timothy J. Meagher, *Inventing Irish America: Generation, Class, and Ethnic Identity in a New England City, 1880-1928*, Notre Dame: University of Notre Dame Press, 2001.

Charles Morris, *The Child's History of the United States, from the Earliest Time to the Present Day*, Philadelphia: The J. C. Winston Co., 1900.

Jacob A. Riis, *How the Other Half Lives: Studies among the Tenements of New York*, New York: Charles Scribner's Sons, 1890. 千葉喜久枝訳『向こう半分の人々の暮らし―19世紀末ニューヨークの移民下層社会』創元社、2018年。

Roy Rosenzweig, *Eight Hours for What We Will: Workers & Leisure in an Industrial City, 1870-1920*, New York: Cambridge University Press, 1983.

Susanna Rowson, *Exercises in History, Chronology and Biography, in Question and Answer, for the Use of Schools, Comprising Ancient History, Greece, Rome, &c. Modern History, England, France, Spain, Portugal, &c. the Discovery of America, Rise, Progress and Final Independence of the United States*, Boston: Richardson & Lord, 1822.

Jill Salen, *Corsets: Historical Patterns & Techniques*, London: Costume & Fashion Press, 2008.

Kristina Seleshanko, *Bound & Determined: A Visual History of Corsets 1850-1960*, New York: Dover Publications, 2012.

Valerie Steele, *The Corset: A Cultural History*, New Haven: Yale University Press, 2001.

Thorstein Veblen, *The Theory of the Leisure Class*, London: Routledge, 1992. 村井章子訳『有閑階級の理論』ちくま学芸文庫、2016年。

Max Weber, *The Protestant Ethic and the Spirit of Capitalism*, translated by Talcott Parsons, New York: Charles Scribner's Sons, 1930. 大塚久雄訳『プロテスタンティズムの倫理と資本主義の精神』岩波文庫、1989年。

Emma Willard, *History of the United States, or Republic of America: Exhibited in Connexion with its Chronology & Progressive Geography*, New York: White, Gallaher & White, 1828.

C. Willets and Phillis Cunnington, *The History of Underclothes*, New York: Dover Publications, 1992.

板橋晶子「第二次世界大戦期における下着広告―女性労働者の身体とジェンダー表象」『アメリカ史研究』第39号、2016年、45-58頁。

海野弘『ダイエットの歴史―みえないコルセット』新書館、1998年。

梅﨑透、坂下史子、宮田伊知郎編『よくわかるアメリカの歴史』ミネルヴァ書房、2021年。

大西直樹『ピルグリム・ファーザーズという神話：作られた「アメリカ建国」』講談社、1998年。

川田雅直『世界のシンデレラ』PHP研究所、2019年。

貴堂嘉之『移民国家アメリカの歴史』岩波新書、2018年。

古賀令子『コルセットの文化史』青弓社、2004年。

米今由希子「19世紀後期イギリスにおける合理服協会の衣服改革」『日本家政学会誌』第59巻5号、
　　2008年、313-319頁。

斎藤眞『アメリカとは何か』平凡社、1995年。

鈴木周太郎「ロイヤル・ウースター・コルセット・カンパニーからみる20世紀転換期のジェンダー秩序」
　　『鶴見大学紀要　第2部外国語・外国文学編』第58号、2021年、25-40頁。

常松洋『大衆消費社会の登場』山川出版社、1997年。

戸矢理衣奈『下着の誕生―ヴィクトリア朝の社会史』講談社、2000年。

中野耕太郎『戦争のるつぼ―第一次世界大戦とアメリカニズム』人文書院、2013年。

野村達朗『アメリカ労働民衆の歴史―働く人々の物語』ミネルヴァ書房、2013年。

濱田雅子『アメリカ服飾社会史』東京堂出版、2009年。

濱田雅子『パリ・モードからアメリカン・ルックへ―アメリカ服飾社会史 近現代篇』インプレス、
　　2019年。

林田敏子『戦う女、戦えない女―第一次世界大戦期のジェンダーとセクシュアリティ』人文書院、2013
　　年。

深井晃子監修『増補新装 世界服飾史』美術出版社、2013年。

原克『流線型シンドローム―速度と身体の大衆文化誌』紀伊国屋書店、2008年。

松本悠子『創られるアメリカ国民と「他者」―「アメリカ化」時代のシティズンシップ』東京大学出版
　　会、2007年。

鷲田清一『ちぐはぐな身体―ファッションって何?』ちくま文庫、2005年。

若桑みどり『お姫様とジェンダー―アニメで学ぶ男と女のジェンダー学入門』ちくま新書、2003年。

【著者紹介】

鈴木　周太郎（すずき　しゅうたろう）

2012年一橋大学大学院社会学研究科博士課程修了、博士（社会学）。鶴見大学文学部准教授。専門はアメリカ史、ジェンダー史。著書に『アメリカ・ジェンダー史研究入門』（共著、青木書店、2010年）、『ジェンダーと社会』（共著、旬報社、2010年）、『アメリカ女子教育の黎明期』（神奈川新聞社、2018年）、『よくわかるアメリカの歴史』（共著、ミネルヴァ書房、2021年）など。

〈比較文化研究ブックレット №.20〉

つけるコルセット　つくるコルセット
ロイヤル・ウースター・コルセット・カンパニーからみる20世紀転換期アメリカ

2022年3月31日　初版発行

著　　　者	鈴木　周太郎	
企画・編集	鶴見大学比較文化研究所	

〒230-0063　横浜市鶴見区鶴見2-1-5
鶴見大学6号館
電話　045（580）8196

発　　　行	神奈川新聞社	

〒231-8445　横浜市中区太田町2-23
電話　045（227）0850

印　刷　所　神奈川新聞社クロスメディア営業局

定価は表紙に表示してあります。

「比較文化研究ブックレット」の刊行にあたって

比較文化は二千年以上の歴史があるが、学問として成立してからはまだ百年足らずである。近年、世界のグローバル化に伴いその重要性は増してきている。特に異文化理解と異文化交流、異文化コミュニケーションといった問題は、国内外を問わず、切実かつ緊急の課題として現前している。同時多発テロの深層にも異文化の衝突があることは誰もが認めるところであろう。

さらに比較文化研究は、あらゆる意味で「境界を超えた」ところに、その研究テーマがある。国家や民族ばかりではなく時代もジャンルも超えて、人間の営みとしての文化を研究するものである。インターネットで世界が狭まりつつある二十一世紀が、同時多発テロと報復戦争によって始まったことは歴史のパラドックスであろう。文化もテロリズムも戦争も、その境界を失いつつある現在、比較文化研究はその境界を超えた視点を持った新しい学問なのである。

鶴見大学に比較文化研究所準備委員会が設置されて十余年、研究所が設立されて三年を越えて機も熟し、本シリーズの発刊の運びとなった。比較文化論は近年ブームともいえるほど出版されているが、その多くは思いつき程度の表面的な文化比較であり、学術的検証に耐えうるものは少ない。本シリーズは学術的検証に耐えつつ、啓蒙的教養書として平易に理解しやすい形で、知の文化的発信を行おうという試みである。大学およびその付属研究所の使命は、単に閉鎖された空間における学術研究のみにその使命があるのではない。ましてや比較文化研究が閉鎖されたものであって良いわけがない。広く社会にその研究成果を公表し、寄与することこそ最大の使命であろう。勿論、研究所のメンバーはそれぞれ機関誌や学術誌に各自の研究成果を発表しているが、本シリーズでより豊かな成果を社会に問うことを期待している。

二〇〇二年三月

鶴見大学比較文化研究所　所長　相良英明

比較文化研究ブックレット近刊予定

■「映画でめぐるイングランド北部」(仮題)

菅野素子

　イングランドの北部を舞台にした最近の映画といえば、まず『リトル・ダンサー』(2000年)が思い浮かびます。ダラムの炭鉱夫一家に生まれた少年ビリーがバレエダンサーを目指す物語は今ではミュージカルにリメイクされて、洋の東西を問わず大人気を博しています。しかし、北部イングランドを舞台にした秀作映画は他にもたくさんあります。今回のブックレットでは、その魅力の一端をご紹介いたします。

■変わりゆく言葉
　－英語の歴史変化を中心に－

宮下治政

　世界の言語では音韻・形態・統語・意味など、いろいろな諸相に歴史的な変化が見られることはよく知られています。例えば、現在の英語では否定文は I do not know him. と表現するのに対して、約400年前の英語では I know him not. (Shakespeare, *King Henry V*, Ⅲ. vi. 19) と表現していました。昔の英語と今の英語では、表現の仕方がかなり異なります。英語史における形態統語変化を例に取り上げて、なぜ、どのようにして言葉の変化が起こるのかを紹介していきます。

比較文化研究ブックレット・既刊

No. 1　詩と絵画の出会うとき
～アメリカ現代詩と絵画～　森　邦夫

ストランド、シミック、ハーシュ、3人の詩人と芸術との関係に焦点をあて、アメリカ現代詩を解説。

A 5 判　57頁　602円（税別）
978-4-87645-312-2

No.2　植物詩の世界
～日本のこころ　ドイツのこころ～　冨岡悦子

文学における植物の捉え方を日本、ドイツの詩歌から検証。民族、信仰との密接なかかわりを明らかにし、その精神性を読み解く！

A 5 判　78頁　602円（税別）
978-4-87645-346-7

No.3　近代フランス・イタリアにおける
　　　悪の認識と愛　　　　　　加川順治

ダンテの『神曲』やメリメの『カルメン』を題材に、抵抗しつつも〝悪〟に惹かれざるを得ない人間の深層心理を描き、人間存在の意義を鋭く問う！

A 5 判　84頁　602円（税別）
978-4-87645-359-7

No.4　夏目漱石の純愛不倫文学
　　　　　　　　　　　　相良英明

夏目漱石が不倫小説？　恋愛における三角関係をモラルの問題として真っ向から取り扱った文豪のメッセージを、海外の作品と比較しながら分かりやすく解説。

A 5 判　80頁　602円（税別）
978-4-87645-378-8

比較文化研究ブックレット・既刊

No.5 日本語と他言語

【ことば】のしくみを探る　三宅知宏

日本語という言語の特徴を、英語や韓国語など、他の言語と対照しながら、可能な限り、具体的で、身近な例を使って解説。

A5判　88頁　602円（税別）
978-4-87645-400-6

No.6 国を持たない作家の文学

ユダヤ人作家アイザックB・シンガー　大﨑ふみ子

「故国」とは何か？　かつての東ヨーロッパで生きたユダヤの人々を生涯描き続けたシンガー。その作品に現代社会が見失った精神的な価値観を探る。

A5判　80頁　602円（税別）
978-4-87645-419-8

No.7 イッセー尾形のつくり方ワークショップ

土地の力「田舎」テーマ篇　吉村順子

演劇の素人が自身の作ったせりふでシーンを構成し、本番公演をめざしてくりひろげられるワークショップの記録。

A5判　92頁　602円（税別）
978-4-87645-441-9

No.8 フランスの古典を読みなおす

安心を求めないことの豊かさ　加川順治

ボードレールや『ル・プティ・フランス』を題材にフランスの古典文学に脈々と流れる"人の悪い人間観"から生の豊かさをさぐる。

A5判　136頁　602円（税別）
978-4-87645-456-3

比較文化研究ブックレット・既刊

No.9 人文情報学への招待

大矢一志

コンピュータを使った人文学へのアプローチという新しい研究分野を、わかりやすく解説した恰好の入門書。

A5判　112頁　602円（税別）

978-4-87645-471-6

No.10 作家としての宮崎駿

～宮崎駿における異文化融合と多文化主義～　相良英明

「ナウシカ」から「ポニョ」に至る宮崎駿の軌跡を辿りながら、宮崎作品の異文化融合と多文化主義を読み解く。

A5判　84頁　602円（税別）

978-4-87645-486-0

No.11 森田雄三演劇ワークショップの18年

―Mコミュニティにおけるキャリア形成の記録―　吉村順子

全くの素人を対象に演劇に仕上げてしまう、森田雄三の「イッセー尾形の作り方」ワークショップ18年の軌跡。

A5判　96頁　602円（税別）

978-4-87645-502-7

No.12 PISAの「読解力」調査と全国学力・学習状況調査

―中学校の国語科の言語能力の育成を中心に―　岩間正則

国際的な学力調査であるPISAと、日本の中学校の国語科の全国学力・学習状況調査。この2つの調査を比較し、今後身につけるべき学力を考察する書。

A5判　120頁　602円（税別）

978-4-87645-519-5

比較文化研究ブックレット・既刊

No. 13 国のことばを残せるのか

ウェールズ語の復興　松山　明子

イギリス南西部に位置するウェールズ。そこで話される「ウェールズ語」が辿った「衰退」と「復興」。言語を存続させるための行動を理解することで、私たちにとって言語とは何か、が見えてくる。

A5判　62頁　662円（税込）

978-4-87645-538-6

No. 14 南アジア先史文化人の心と社会を探る

―女性土偶から男性土偶へ：縄文・弥生土偶を参考に―　宗䑓秀明

現在私たちが直面する社会的帰属意識（アイデンティティー）の希薄化・不安感に如何に対処すれば良いのか？先史農耕遺跡から出土した土偶を探ることで、答えが見える。

A5判　60頁　662円（税込）

978-4-87645-550-8

No. 15 人文情報学読本

―胎動期編―　大矢一志

デジタルヒューマニティーズ、デジタル人文学の黎明期と学ぶ基本文献を網羅・研修者必読の書。

A5判　182頁　662円（税込）

978-4-87645-563-8

No. 16 アメリカ女子教育の黎明期

共和国と家庭のあいだで　鈴木周太郎

初期アメリカで開設された3つの女子学校。

―相反する「家庭性」と「公共性」の中で、立ち上がってくる女子教育のあり方を考察する。

A5判　106頁　662円（税込）

978-4-87645-577-5

比較文化研究ブックレット・既刊

No.17 本を読まない大学生と教室で本を読む
文学部、英文科での挑戦　深谷　素子

生涯消えない読書体験のために！「深い読書体験は、生涯消えることなく読者を支え励ます」いまどきの学生たちを読書へと誘う授業メソッドとは。

A 5 判　108頁　662円（税込）
978-4-87645-594-2

No.18 フィリピンの土製焜炉
ストーブ　田中　和彦

南中国からベトナム中部、ベトナム南部、マレーシアのサバ州の資料を概観し、ストーブの出土した遺跡は、いずれも東シナ海域及び南シナ海域の海が近くに存在する遺跡であることが明らかになった。

A 5 判　90頁　660円（税込）
978-4-87645-606-2

No.19 学びの場は人それぞれ
ー不登校急増の背景ー　吉村　順子

コロナじゃみんな不登校、そして大人はテレワーク。ならば、学校を離れた学びを認める方向に社会は進む、はず、だが変化を容認しない社会の無意識がそれを阻むかもしれない。一方、実際にホームスクーリングの動きは各地で次々と起きている。

A 5 判　100頁　660円（税込）
978-4-87645-617-8